计算机应用专业

可视化编程应用基础
——Visual Basic

Keshihua Biancheng Yingyong Jichu——Visual Basic

主编　陈建军

高等教育出版社·北京

内容简介

本书是职业院校计算机应用专业主干课程教材，依据教育部《中等职业学校计算机应用专业教学标准》，并参照计算机应用相关行业标准编写，同时参考了全国计算机等级考试 Visual Basic 语言程序设计考试大纲及部分省市的对口升学考试要求。

本书以 Visual Basic 6.0 为平台，以初学可视化编程应用的学生为对象，立足基础、强调应用，介绍可视化编程的基础知识和基本应用，培养学生的程序设计基本能力和可视化编程思想。全书以生活化的趣味程序为主线，以做中学为指导思想，内容组织遵循项目教学和案例教学原则，是典型的理实一体化教材。全书分 4 个项目：可视化编程概述、VB 编程语言基础、VB 窗体和常用控件、综合应用。每个项目后附有练习和思考题，用于梳理和检测理论知识和编程技能。

本书配套网络教学资源，按照本书最后一页"郑重声明"下方的"学习卡账号使用说明"，登录 Abook 网站 http://abook.hep.com.cn/sve 可以进行网上学习并下载相关教学资源。

本书可作为职业院校计算机应用专业及其他计算机相关专业教材，也可作为编程基础培训的教学用书，以及广大编程爱好者的入门自学用书。

图书在版编目（ＣＩＰ）数据

可视化编程应用基础：Visual Basic ／ 陈建军主编
. －－北京：高等教育出版社，2022.2（2023.4重印）
ISBN 978-7-04-057447-0

Ⅰ．①可⋯ Ⅱ．①陈⋯ Ⅲ．①BASIC语言-程序设计
Ⅳ．①TP312.8

中国版本图书馆CIP数据核字（2021）第259691号

策划编辑	赵美琪	责任编辑	赵美琪	封面设计	张 志	版式设计	王艳红
责任校对	窦丽娜	责任印制	赵义民				

出版发行	高等教育出版社	网 址	http://www.hep.edu.cn	
社 址	北京市西城区德外大街4号		http://www.hep.com.cn	
邮政编码	100120	网上订购	http://www.hepmall.com.cn	
印 刷	北京盛通印刷股份有限公司		http://www.hepmall.com	
开 本	889 mm×1194 mm 1/16		http://www.hepmall.cn	
印 张	13.75			
字 数	290 千字	版 次	2022年2月第1版	
购书热线	010-58581118	印 次	2023年4月第3次印刷	
咨询电话	400-810-0598	定 价	29.50 元	

本书如有缺页、倒页、脱页等质量问题，请到所购图书销售部门联系调换
版权所有 侵权必究
物 料 号 57447-00

前　言

Visual Basic 6.0 是一款经典的面向对象的可视化程序设计语言，深为广大程序设计初学者所喜爱。尽管 Visual Basic 编程的学习相对容易，编程的趣味性也胜于传统基于命令行的编程，但是编者在实际教学过程中发现，不少学生会使用单个控件，而缺少综合应用能力，究其原因，在于在可视化编程教学过程中往往淡化了对传统的基于过程的基础编程能力的培养。传统的基于过程的编程语言主要是以数值计算、处理及其应用为教学载体，缺少直观形象的生活案例，教学内容相对枯燥，抽象，这是传统编程教学的难点，也是可视化编程教学中的一个难点，因此基础编程能力的培养是程序设计教学的灵魂。

一、教材内容

本书在内容选取上具有以下三大特色：

（1）用生活化的案例，建构传统的基于过程的编程思想。通过把变量和常量、数组、顺序结构、分支结构、循环结构、函数和过程等基础编程知识与生活中的案例对应，降低学生对抽象的编程思想的理解和感悟难度，培养和提高基于过程的基础编程能力。

（2）用可视化的案例，感受面向对象的程序设计。通过 Visual Basic 的可视化控件来呈现程序运行的状态和结果，增强编程教学的直观性，培养面向对象的可视化编程的思想。

（3）用项目化的案例，体验软件开发的流程。通过功能依次递进的 IE 浏览器的开发，学习可视化编程，体验站在巨人肩膀上编程的乐趣，理解软件开发的基本流程和方法。

项目 1 为可视化编程概述，主要学习搭建可视化编程环境、快速体验可视化编程。项目 2 为 VB 编程语言基础，主要学习基于过程的编程语言基础。项目 3 为 VB 窗体和常用控件，主要通过 IE 浏览器的开发，学习 VB 的各种常用控件使用及基本的文件操作。项目 4 为综合应用，主要整合面向对象的编程思想、基础编程能力和可视化编程界面，梳理可视化编程要素，提高学生系统化编程应用能力。

二、教材体例

本书在体例设计上充分考虑学生的认知规律和学习特点，在理论上做到"精讲、少讲"，操作上做到"仿练、精练"，内容准备上关注学习情境的创设，设计上强调知识和技能的体验和生成，学习过程的探究与合作。

　　本书充分体现"做中学，做中教"的职业教育教学特色，每个项目由若干个任务组成，每一任务分为"任务准备"、"任务实施"、"讨论与练习"、"探究与合作"四大部分。

　　"任务准备"主要精讲与本任务直接相关的必要知识和单项技能；"任务实施"是任务主体部分，用于完成任务的基本要求；"讨论与练习"是对任务实施的补充和强化，兼顾各类考试考证需求；"探究与合作"用于完成拓展和变式任务，适用于自主、探究与合作学习。

三、教学建议

　　本书使用课时建议不少于72课时，以108课时为佳。参考课时（72课时）分配如下表：

项　　目	课 程 内 容	课时	说明
项目1 可视化编程概述	任务1.1　体验第一个VB程序	2	
	任务1.2　编制简易的网页浏览器	2	
项目2 VB编程语言基础	任务2.1　制作数码管倒计时器	4	
	任务2.2　制作数字记分台	4	
	任务2.3　制作数码管记分台	6	
	任务2.4　制作七彩霓虹灯	6	
	任务2.5　制作电子储物柜	4	（1）建议在机房组织教学，讲授与上机合一
	任务2.6　制作颜色选择器	6	（2）项目1、2建议同一进度授课，项目3、4可以尝试差异化的分层教学。项目3和项目4的任务具有一定独立性，可视课时情况选择
	任务2.7　挑战正话反说	4	
项目3 VB窗体和常用控件	任务3.1　给浏览器添加访问控制按钮	2	
	任务3.2　给浏览器添加错误处理	2	
	任务3.3　让浏览器的地址栏智能化	2	
	任务3.4　给浏览器添加收藏夹	4	
	任务3.5　让浏览器窗口自动调整大小	2	
	任务3.6　给浏览器添加选项设置功能	2	
	任务3.7　给浏览器添加菜单栏	4	
	任务3.8　给浏览器添加工具栏和状态栏	4	
项目4 综合应用	任务4.1　制作音乐闹钟	4	
	任务4.2　读写Excel表中的数据	4	
	任务4.3　制作点阵字体显示器	4	

本书配套网络教学资源，按照本书最后一页"郑重声明"下方的"学习卡账号使用说明"，登录 Abook 网站 http://abook.hep.com.cn/sve 可以进行网上学习并下载相关教学资源。

本书由浙江省特级教师、宁波市教育局职成教教研室陈建军主编，配套习题由裘晓君汇编，朱永章、杨放参与了案例设计和代码校验。在编写过程中，得到了相关企业人员的指导和帮助，在此表示感谢。

由于编者水平有限，书中难免存在疏漏与不妥之处，恳请广大读者批评指正，以便于进一步完善本书，读者意见反馈邮箱：zz_dzyj@pub.hep.cn。

编者

2021 年 6 月

目 录

项目 1

可视化编程概述

程序是什么？程序从何而来？

程序在现实世界中无处不在。小到一支圆规可以看做一个程序，可以利用它绘制图形；计算器可以看做一个程序，输入四则运算表达式，计算器会把结果显示出来；一部手机可以看做一个程序，通过它可以实现通话交流；一台电视机可以看做一个程序，通过它实现电视节目的收看；一台冰箱也是一个程序，通过它实现食物的冷藏。大到一套住宅可以看做程序，此程序提供居住功能；一个工厂可以看做程序，它可以生产加工产品；一个城市可以看做程序，此程序可以供大家一起学习交流、生活休闲、工作生产等。

以上是在现实世界中看得见摸得着的"实物"程序，回想计算器的使用过程，此"程序"使用时只需要去操控它，使用者关心它的功能，而不必去关心程序具体如何实现四则运算的内部细节，这类程序的外在表现可以看做"工具"。所以只要知其然，而不必知其所以然。

现实世界中还有一类程序，通常没有具体实物，是一组规则和流程的集合，但可以感受到其运行的过程，可以把其过程描述出来。回想一下到超市购物的大致过程，可以看做一个"购物程序"，首先在超市入口拿辆购物推车，然后挑选物品放入购物车，再到收银台结账付款，最后从出口出来结束购物。稍微复杂的例子是房子"装修程序"的大流程，首先确定设计方案图纸，然后根据方案采购物品，再按图纸装修，最后购置家电、家具等。此类程序使用者能走入其内部，参与细节，能知其所以然。

有意思的是不少开发程序的过程，本身也是一个程序。如"装修程序"运行后，生成了一个"住宅"实物程序。此时，"装修程序"的角色成了生成"程序"的程序，生成的"程序"功能由"装修程序"在"装修"过程中确定。同理"计算器程序"的功能由生产它的相应"工厂"程序决定，厂家可根据用户需要定制不同功能类型计算器，不妨试着描述一下这个"工厂"程序生成的过程。

可以看出以上所列现实世界中的程序都能完成一定任务，达成一定的目的，并且可以重复运行。在计算机世界中的程序也类似，最终都以工具形式呈现，比如，Windows操作系统中自带的记事本、写字板、计算器、画图等程序可以看做"工具"，常用的即时通信程序和娱乐类程序也同样是"工具"。那么这些"工具"是怎样制作出来的呢？其实，在计算机世界中也有类似的"装修程序"，它就是程序设计语言，专门用于开发"程序"的程序。

能自己动手编写开发出程序是许多人的梦想，通过本项目的学习，了解可视化编程的基本思想，体验Visual Basic（简称VB）程序开发的基本流程。

编程技术并不高深莫测，每一个人都可以成为程序设计师！

任务 1.1 体验第一个 VB 程序

程序是为实现特定目标或解决特定问题而用计算机语言编写的命令序列的集合。程序通常是由软件开发人员根据用户（使用者）需求开发，采用某种程序设计语言描述的适合计算机执行的指令（语句）序列。本任务将搭建一个Visual Basic 6.0开发环境，之后体验使用Visual Basic程序设计语言开发环境开发Windows程序的过程。

1. 可视化编程技术

可视化编程技术是一种基于图形用户界面的编程技术，相对于控制台文本字符界面环境下的传统编程而言，可视化编程在程序的界面设计方面具有极大的优势。传统的编程过程中程序设计人员要花大量的精力来设计程序使用的界面，在可视化编程环境中，界面的设计基本实现"所见即所得"效果。

按图1-1所示步骤，可以体验DOS环境下文本字符界面程序Edit的使用，试着用它编辑一段文字，并保存到一个文本文件中。在DOS窗口中，可以运行传统的DOS程序和命令，如运行"md F:\VB"将在F盘下建立一个名为VB的文件夹，比较与在资源管理器中建立文件夹的方法和步骤。

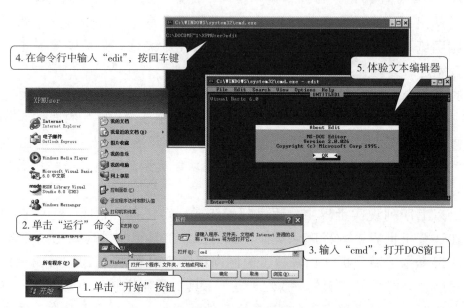

图 1-1 体验文本字符界面程序 Edit

一个普通程序员用传统编程技术编写出Edit文本编辑器这样的程序十分困难，但通过可视化编程技术，利用Windows系统提供的图形用户界面（GUI），可以轻松编写出一个功能类似记事本程序的文本编辑器，甚至编写出一个功能类似IE浏览器的程序也不是难事。

　　微软公司提供的 Visual Studio 系列可视化编程开发工具，是 Windows 平台上最常用的开发工具，可以利用它自带的丰富控件库，像搭积木、装修房子般地编写并组装程序。

2.　搭建 Visual Basic 6.0 编程环境

　　在 Windows XP 环境下安装 Viusal Basic 6.0 和相应的 MSDN。安装成功后在 Windows XP 的"所有程序"菜单中会看到如图 1-2 所示的程序目录。

图 1-2　Microsoft Visual Basic 6.0 和 MSDN 在"开始"菜单中的位置

　　下面分别尝试安装 Viusal Basic 6.0 和相应的 MSDN。

　　（1）安装 Visual Basic 6.0 中文企业版。利用 Visual Basic 的安装向导可以非常方便地实现安装，图 1-3 给出的是安装向导的关键步骤。

图 1-3　Microsoft Visual Basic 6.0 安装过程

（2）安装MSDN。在系统重启后，Visual Basic 6.0的安装向导进入MSDN的安装界面，如图1-4所示。按照安装向导的提示操作，可以方便地完成MSDN的安装。

3. Visual Basic 6.0 介绍

Microsoft Visual Basic 6.0是Visual Studio 98中的一款软件，它提供的整套开发工具，是开发Microsoft Windows应用程序最迅速、最简捷的方法。不论是Microsoft Windows 应用程序的资深专业开发人员，还是初学者，都可方便地开发应用程序。

图 1-4　MSDN 安装向导

"Visual"指的是图形用户界面（GUI），即可视化。不需编写大量代码去描述图形界面元素的外观和位置，而只要把预先建立的对象拖到屏幕上的某一位置即可。

"Basic"指的是 BASIC（Beginners All-Purpose Symbolit Instruction Code）语言，是一种在计算技术发展史上应用最为广泛的语言。Visual Basic是在原有Basic语言的基础上发展而来的，至今包含了数百条语句、函数及关键词，其中很多和Windows图形界面元素有直接关系。专业人员可以用Visual Basic实现其他任何Windows编程语言所能实现的功能，而初学者只需要花少量的时间就可以建立实用的应用程序。

1. 实施说明

本任务学习启动和关闭VB开发环境，保存工程文件和窗体文件，修改窗体文件名和窗体标题，生成工程文件等基本方法，了解VB程序开发的基本过程。

建立一个任务文件夹，如"F:\VB\1.1"，用于存放本任务相关的工程文件和窗体文件等。

2. 实施步骤

步骤1　启动 VB 开发环境

单击"开始→程序→Microsoft Visual Basic 6.0中文版"程序组中的"Microsoft Visual Basic 6.0中文版"程序项，如图1-2所示。

步骤2　选择工程类型

在"新建工程"对话框中选择"标准EXE"工程类型，单击"打开"按钮，如图1-5所示。

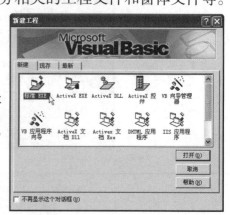

图 1-5　"新建工程"对话框

步骤 3　按默认的配置生成 Windows 程序"工程 1.exe"

按照图1-6所示操作，生成了第一个Windows程序"工程1.exe"，并运行。尽管这个程序没有实现具体的功能，但它确实是一个标准的Windows程序，可以试着对它进行最大化、最小化、移动、调整大小、关闭等操作。

在继续下一步骤前，请先仔细观察图1-6，找到11处出现"Form1"字样及7处出现"工程1"字样的地方。

图 1-6　生成和运行"工程 1.exe"

步骤 4　保存窗体文件

参考图1-6，单击"文件→保存"菜单命令，打开"文件另存为"对话框，如图1-7所示，保存窗体文件。

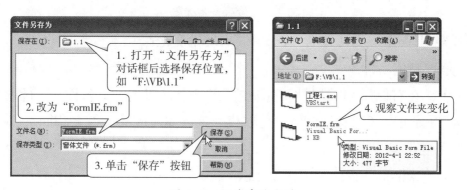

图 1-7　保存窗体文件

请仔细观察图1-6中，哪3处的"Form1"变成了"FormIE"？

步骤5 保存工程文件

参考图1-6，单击"文件→保存工程"菜单命令，打开"工程另存为"对话框，如图1-8所示，保存工程文件。

图 1-8 保存工程文件

请仔细观察图1-6中，哪3处的"工程1"变成了"工程1-1"？

步骤6 修改窗体标题

观察图1-6中，单击"工程1.exe"时，显示的窗口标题为"Form1"，默认和窗体的名称相同。修改窗口标题可以通过修改图1-9右侧所列"属性–Form1"窗口中的"Caption"属性实现。

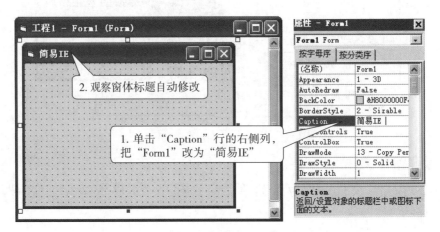

图 1-9 修改窗体标题

请仔细观察图1-6中，哪几处的"Form1"未发生变化？

步骤7 修改窗体名称

参考图1-9，在右侧所列"属性–Form1"窗口中，双击"（名称）"行的右侧列，把"Form1"改为"FormIE"（通常把窗体名称取成和该窗体对应的文件名相同），观察哪几处的"Form1"发生了变化。

步骤8 生成 Windows 程序"工程 1-1.exe"

参照步骤3，生成"工程1-1.exe"，并运行。最后，用"文件→退出"菜单命令，关闭VB开发环境。

VB 的窗体文件和工程文件

在图1-8右侧的任务文件夹"F:\VB\1.1"中，文件"FormIE.frm"为一个窗体文件，窗体文件中包含组成该窗体的所有信息，窗体文件的扩展名为".frm"。

文件"工程1-1.vbp"即为本任务的工程文件，在工程文件中包含所有用来生成创建Windows应用程序的文件的信息，如窗体文件、代码文件。工程文件的扩展名为".vbp"，关于VB的工程详细可浏览MSDN。

工程文件的作用类似于装修房子时的一本装修说明书，里面有具体的装修要求说明，如房间信息等，工人按照说明书的要求装修。

窗体文件的作用类似于一个包含有具体装修图纸、装修材料及组件、装修工艺方法的房间。

工程1-1中只包含了一个窗体文件，可以视需要给工程添加其他文件。

本任务生成的"工程1-1.exe"，就是一个"工具"软件，可以把它复制给其他人使用，但这个软件像一套只有一个房间名称为"工程1-1.exe"的空住宅，只是在房间上贴了一个房牌——"简易IE"。

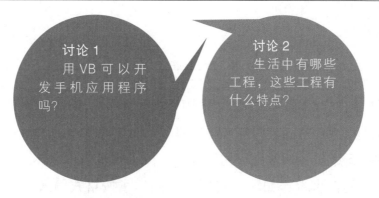

练习1 修改"FormIE"属性窗体的"BackColor"的值，以改变"FormIE"窗体的背景颜色，如图1-10所示。

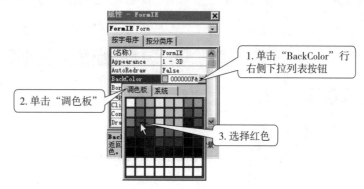

图 1-10 修改窗体背景颜色

练习2 浏览任务文件夹"F:\VB\1.1"，观察有哪些文件？文件扩展名有哪些？双击"工程 1-1.vbp"打开该 VB 工程文件。

练习 3 浏览 VB 的安装目录，观察如图 1-11 所示的文件和文件夹。找到 "VB6.exe" 程序图标，双击启动 VB 开发环境。

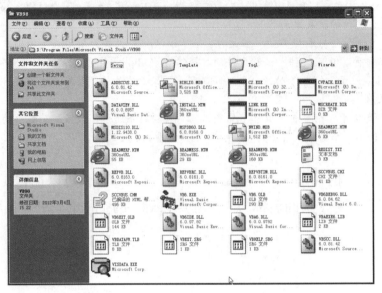

图 1-11 VB 的安装目录

（1）怎样把图1-6中"工程1"改成"工程IE"。

（2）VBScript程序。VBScript，即Microsoft Visual Basic Scripting Edition，是程序开发语言 Visual Basic 家族的最新成员，通常用于网页设计，按下列步骤可以体验一下VBScript。

① 打开Windows的记事本，如图1-12所示，照样子按格式输入，并保存为"欢迎体验 VBScript.htm"。

图 1-12 体验 VBScript

② 在保存上述文件的文件夹中，双击此文件。

③ 当IE浏览器打开此网页，单击"单击此处"按钮，会弹出对话框提示"欢迎测试VBScript！"。

（3）浏览MSDN。单击"开始→所有程序→ Microsoft Developer Network → MSDN Library Visual Studio 6.0（CHS）"程序项，打开MSDN的主窗口，按图1-13所示查看"Visual Basic 版本简介"，了解VB的三个版本的区别。

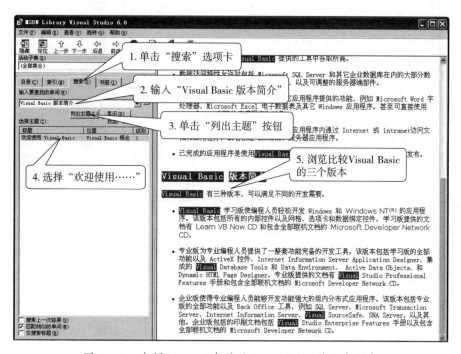

图 1-13　查阅 MSDN 中关于 Visual Basic 的三个版本

（4）详细描述制作一只风筝或其他类似的手工作品的过程。

任务 1.2　编制简易的网页浏览器

IE是一款Windows系统下普遍使用的浏览器软件，利用它可以在互联网的海洋里畅游。许多人觉得，自己动手编写浏览器是不可思议的事，其实利用VB提供的控件编写类似程序也并非难事，本任务主要体验编写一个简易浏览器的过程。

1. 认识 VB 的开发界面

在任务1.1中，体验了生成一个Windows标准程序的基本过程，可以简单回顾一下过程，熟悉图1-14所示的VB开发环境界面。

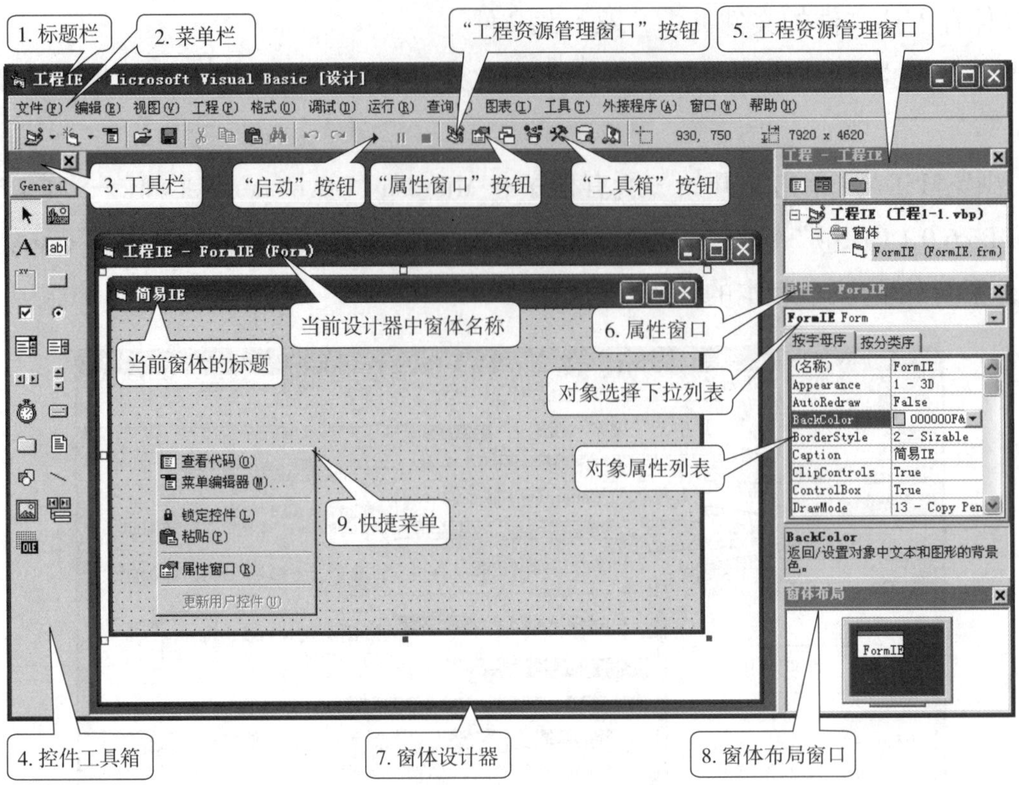

图 1-14 VB 的开发环境界面

（1）标题栏。显示当前打开的工程名称。

（2）菜单栏。显示所使用的VB命令。除了提供标准"文件"、"编辑"、"视图"、"窗口"和"帮助"菜单之外，还提供了编程专用的功能菜单，例如"工程"、"格式"和"调试"等。

（3）工具栏。在编程环境下提供对于常用命令的快速访问。单击工具栏上的按钮，则执行该按钮所代表的操作。启动 VB 之后默认显示"标准"工具栏。附加的编辑、窗体设计和调试的工具栏可以从"视图"菜单上的"工具栏"命令中移进或移出。

工具栏能紧贴在菜单栏之下，或以垂直条状紧贴在左边框上，如果将它从菜单下面用鼠标拖开，则能"悬"在窗口中。可以通过"视图→工具栏"菜单设置显示与否。

（4）控件工具箱。提供一组工具，用于设计时在窗体中放置控件。除了缺省的工具箱布局之外，还可以通过工具箱上的快捷菜单（又称上下文菜单、弹出式菜单），选定"添加选项卡"并在结果选项卡中添加控件来创建自定义布局的工具箱。当控件工具箱被意外关闭没有显示时，可以单击工具栏上的工具箱按钮。

（5）工程管理器窗口。列出当前工程中的窗体和模块。工程可以简单理解为是用于创建一个应用程序的文件的集合。图1-14中工程管理器窗口中显示的是名为"工程IE"，工程文件为"工程1-1.vbp"的工程信息。当此窗口被意外关闭没有显示时，可以单击工具栏上的工程管理器窗口按钮。

（6）属性窗口。列出当前选定的窗体或控件对象的属性设置值。属性是指对象的特征，如大小、标题或颜色。图1-14中属性窗口中显示的是窗体"FormIE"的属性列表，它的

"Caption"属性已被修改为"简易IE"。此窗体在设计界面中是必不可少的，当此窗口被意外关闭没有显示时，可以单击工具栏上的属性窗口按钮。

（7）窗体设计器。用来设计应用程序的界面。在窗体中可以添加控件、图形和图片来创建所希望的外观。应用程序中每一个窗体都有自己的窗体设计器窗口，图1-14中的窗体"FormIE"是空白窗体。

（8）窗体布局窗口。使用窗体的缩略图来布置应用程序中各窗体在屏幕中的位置。

（9）快捷菜单。包括经常执行的操作的快捷键。在要使用的对象上右击即可打开相应的快捷菜单。右击图1-14中窗体的空白处，将弹出快捷菜单。

（10）代码编辑器窗口。图1-14中并没有显示代码编辑器窗口，它是输入应用程序代码的编辑器。应用程序的每个窗体或代码模块都有一个单独的代码编辑器窗口。若单击快捷菜单中的"查看代码"命令，会进入该窗体的代码编辑器。也可以通过"视图→代码窗口"菜单命令显示此窗口。

2. 类、对象及它们的属性、方法和事件

类和对象是面向对象程序设计的核心。生活中满眼都是类和对象，一草、一木、一石、一鸟、一房、一车均是属于某一类的对象。关于类和对象的关系，比较形象的比喻是"人类"和三个人"张三"、"李四"、"王五"的关系。类是抽象的，对象则是具体的实物、实例。

表1-1中，列举了人类的几个基本特征、行为、交流方式。每个人均有一个唯一的姓名，肤色和身高是每个人的个性特征，吃、跑和笑是所有人一致的行为，饿了冷了都会做出个性化的反应，此外，让他们吃、跑、笑时会马上响应实施对应的行为。

表 1-1　人类及人的基本特征、行为、事件响应

人类	第1个人	第2个人	第3个人	第4个人
姓名	张三	李四	王五	
肤色	黑	黄	白	
身高	120	130	130	
吃	吃面条	吃面条	吃面条	吃面条
跑	跑100 m	跑100 m	跑100 m	跑100 m
笑	大笑3声	大笑3声	大笑3声	大笑3声
饿了时	告诉妈妈给块蛋糕	去做了蛋炒饭	默不作声	
冷了时	加了件衣服	叫妈妈开房间空调	默不作声	

表1-1中，列举的人类具有属性肤色和身高，具有的方法（能力）吃、跑、笑，能响应事件饿和冷并采取相应的行动。对具体的人张三、李四、王五来说，每个人都有属性肤色和

身高，但具体的属性值不同；每个人都有方法吃、跑、笑，并且采取的行为相同；每个人都能对事件饿和冷作出反应，并且可以采取不同的行为。第4个人还没创建，但可以确定的是一旦创建，这个人一定同样具有肤色和身高属性，具有能吃面条、能跑100 m，能大笑3声的功能，也会响应饿和冷，那么第4个是这样创建的，即按照"人类"的模样创建，创建后给他一个名称，登记好肤色和身高，至于饿了冷了采取什么行为由他自己决定。

面向对象的程序设计中类和对象的思想就是来源于现实世界，在VB中类和对象都具有自己的属性、方法和事件。可以把属性看做一个类和对象的性质，把方法看做类和对象的功能，把事件看做对象的能响应的命令，并且响应后会运行一个事件过程。如张三响应了"冷"事件，运行了"加了件衣服"的事件过程，而王五响应"冷"事件，运行了"默不作声"的事件过程。

使用Windows系统的用户，每时每刻都在和窗体、按钮、菜单等对象打交道，但是往往觉察不到对象相关的属性、方法和事件的存在，因为大量方法和事件均由系统自动去处理了。以设置屏幕保护程序为例，来认识一下对象和类。

如图1-15下侧所示，"确定""取消""应用"三个按钮都属于按钮类，按钮上的标题文字不同是因为它们的"标题"属性设置了不同的值，类似张三、李四他们的肤色。用鼠标单击"确定"按钮，该按钮对象就接收响应了"鼠标单击"事件，并且执行该事件对应的"鼠标单击事件处理过程"，该过程把"Windows XP"设置为当前的屏幕保护程序，并且关闭此对话框。用鼠标单击"取消"按钮，该按钮对象也接收响应了"鼠标单击"事件，并且也执行该事件对应的"鼠标单击事件处理过程"，但该过程不改变当前的屏幕保护程序，只是关闭此对话框，两个按钮对"鼠标单击"事件的响应处理过程，类似于张三冷了加衣服，李四冷了开空调取暖。

图1-15 显示属性对话框

在VB中，提供了大量标准控件类，控件工具箱中有按钮、标签、文本框等常用控件，利用这些控件可以方便地设计程序的窗体界面。

1. 实施说明

本任务在任务1.1的基础上，通过给窗体"FormIE"添加文本框、按钮和浏览器控件来实现一个最简单的网页浏览器。

为了保留任务1.1的工作文件夹，先复制文件夹"F:\VB\1.1"到本任务的任务文件夹"F:\VB\1.2"。

为了测试本程序，计算机需要能访问互联网、局域网或本机网站。在确实没有网站的情况下可以用访问本机上的静态网页来测试。本程序的功能如图1-16所示，输入网址，单击"转到"按钮，显示该网址的网页。

图 1-16　简易浏览器

2. 实施步骤

步骤 1　打开 F:\VB\1.2 下的工程文件"工程 1-1.vbp"

在文件夹"F:\VB\1.2"，双击工程文件"工程1-1.vbp"的图标，打开文件，在单击工程资源管理器窗口中"窗体"的"+"号展开文件后，双击"FormIE"在窗体设计器中打开该窗体。结果如图1-14所示。

步骤 2　添加"地址栏"和"转到"按钮

按图1-16所示，在窗体中添加一个文本框控件和一个按钮控件。创建每个控件后，分别观察图1-17右侧属性窗口的变化，留意创建后的控件默认的名称。

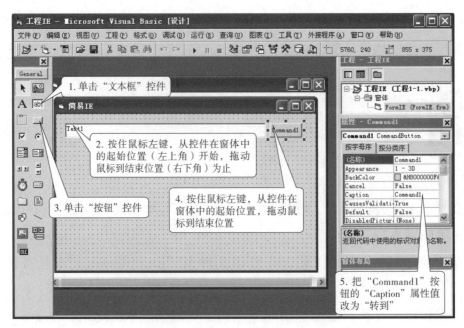

图 1-17 添加文本框和按钮

步骤 3 添加"WebBrowser（网页浏览器）"控件

因"WebBrowser"控件还未出现在工具箱中，所以要先通过如图1-18所示的第1、2两步添加它，再利用它创建浏览器控件。

图 1-18 添加"WebBrowser"控件

单击"启动"按钮测试运行程序，程序会显示一个窗体，可以在文本框中输入文字，尝试用鼠标单击窗体中的"转到"按钮，观察按钮的变化。

至此，简易网页浏览器的界面已经设计完成，接下去的步骤要实现：在文本框中输入一个网页地址，单击"转到"按钮，让对象"WebBrowser1"显示该网页的内容。

步骤 4 为"转到"按钮添加单击事件处理过程

添加"转到"按钮的事件处理代码，如图1-19所示。在第4步中输入"Me."后，系统会自动列出该窗体的所有属性、方法以及所包含的其他控件，输入"W"，会跳到"W"开头的属性和方法列表，选择"WebBrowser1"对象，按tab键，再按"."，系统显示"WebBrowser1"对象的所有属性、方法，键入"n"，会跳到"n"开头的属性和方法列表，选择"Navigate2"方法后，按Tab键，再按空格键，再用相同方法输入"Me.Text1.Text"。

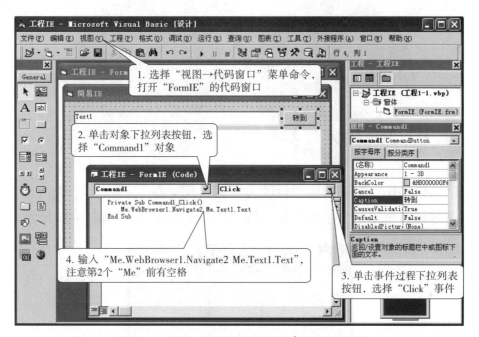

图1-19 添加"转到"按钮的事件处理代码

 知识链接 添加对象的事件处理代码

图1-19中，当第3步为对象"Command1"选择了事件"Click"后，因第一次选择，所以系统自动在代码窗口中添加了一个占2行的空的Click事件处理过程代码，即

```
Private Sub Command1_Click()
End Sub
```

可以在2行之间插入空行，输入想执行的代码。

事件过程的命名很有规则，类似"对象名称_事件名称"，事件过程"Command1_Click()"可以理解为当对象"Command1"被鼠标"Click（单击）"时，运行此过程里的语句代码。

步骤 5 测试运行

参考步骤3，单击"启动"按钮或按F5键，启动程序后，在窗体的文本框中输入"http://www.baidu.com"，再单击"转到"按钮，对象"WebBrowser1"中将显示百度首页，如图1-16所示。

步骤 6　保存工程文件、生成应用程序

单击"文件→保存工程"菜单命令保存该工程，再用"文件→生成工程"菜单命令打开"生成工程"对话框，在文件名栏中出现"工程1-2.exe"后单击"确定"按钮，生成应用程序"工程1-2.exe"。

讨论 1
为什么在步骤 2 中，要把"Command1"按钮的"Caption"属性修改为"转到"？

讨论 2
步骤 3 和步骤 5 中，同样单击了"转到"按钮，结果为何不同？

练习 1　把"FormIE"窗体的标题修改为"简易浏览器"。

练习 2　通过调整按钮的大小和位置，搭建的一个数字 8，如图 1-20 所示。

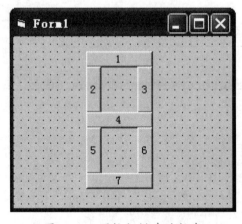

图 1-20　用按钮搭建的数字

练习 3　单击工具箱、工程资源管理器窗口、属性窗口、窗体布局窗口的"关闭"按钮关闭这些窗口，并隐藏工具栏，把屏幕空间最大限度地留给窗口设计器和代码窗口。然后再重新显示这些窗口和工具栏，恢复开发环境界面。

（1）常用的网页浏览器有哪些，浏览器一般需要哪些功能？

（2）列举生活中关于属性、方法、事件的例子。

（3）尝试把"Command1"按钮的名称改为"commandZhuanDao"，把"Text1"文本框的名称改为"TextDiZhi"，并修改相应的事件处理程序。给对象取一个容易理解的"名称"有什么好处？

（4）把图1-20中的7个按钮分别改名为"Command1"~"Command7"，并且给每个对象添加一个"click"事件处理过程，实现单击该按钮时，把按钮的"Caption"属性设置成"+"。

练习与思考题

1. 请借用类、对象、属性、方法、事件、事件过程等概念来描述一下你的学校及学校生活。
2. VB有哪三种版本，分别是什么，有什么区别？
3. 文件扩展名".vbp"、".frm"和".exe"分别代表了什么含义，三者之间有什么关系？
4. 在任务1.2中，生成了"工程1-2.exe"，双击该应用程序，就可以如图1-16那样浏览网页，那么如何与他人分享这个简易浏览器程序呢？如果别人对这个程序的界面不满意，希望把地址栏和"转到"按钮换到网页下方，该如何处理？

项目 2
VB 编程语言基础

　　本项目结合生活化的案例来学习程序设计的基本概念，理解程序的三种基本结构以及过程和函数。内容编排如表2-1所示。

表2-1　项目2内容编排

任　　务	学　习　内　容
任务2.1　制作数码管倒计时器	• 顺序结构 • 标签、文本框、命令按钮控件 • 消息对话框
任务2.2　制作数字记分台	• If分支结构 • 控件命名 • 数据类型、变量和表达式 • Val函数
任务2.3　制作数码管记分台	• 过程和函数 • 取余和整除 • 逻辑运算
任务2.4　制作七彩霓虹灯	• For...Next循环结构 • Do...Loop循环结构
任务2.5　制作电子储物柜	• 数组 • 输入框 • 随机函数 • Print语句
任务2.6　制作颜色选择器	• 控件数组 • Frame框架控件 • Select　Case多分支结构 • 动态添加控件
任务2.7　挑战正话反说	• 字符串函数Len和Mid • 字符串连接运算 • Array函数 • 其他VB函数

任务 2.1　制作数码管倒计时器

　　生活中会遇到很多倒计时的情况，如红绿灯倒计时器、奥运会倒计时器等。本任务通过用VB实现一个简易的LED倒计时器的功能，学习体验顺序结构程序的编写方法。

1. 顺序结构

顺序结构是最基本的一种结构，它可以解决按先后顺序处理的问题。在日常生活中有很多这样的例子，例如在淘米煮饭的时候，总是先淘米，然后才煮饭，不可能是先煮饭后淘米；又如在淘宝网上购买商品的流程：注册账户→登录→挑选商品→购买→付款→收货。

顺序结构的主要特点是按自然顺序（即编写的顺序）的流程执行语句，每一语句完成1个功能，先执行第1句，再执行第2句，一句一句执行下去，直到执行到该段程序的最后一句。顺序结构有点像工厂中的流水线，一个产品出来需要经过一道道工序，每一道工序类似一个"语句"。顺序结构的流程如图2-1所示。

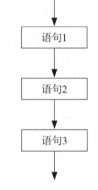

图 2-1　顺序结构流程图

用顺序结构设计程序时，首先应明确要完成的任务，然后决定第1步完成什么，第2步完成什么……最后一步又要完成什么。然后根据每一步的要求编写相应的代码构成程序。

2. 标签、文本框和命令按钮

在VB应用程序的界面设计中，三个基本控件最常用，它们是标签、文本框和命令按钮，这三个控件是构成程序界面的基础。

（1）标签。标签（Label）通常用来显示静态的文本信息，用来辅助说明其他控件以及用做程序代码执行时显示程序运行状态和结果等信息。

在工具箱内选取"标签"控件**A**，然后在窗体上按住鼠标左键拖动就可以画出一个标签。或者双击工具箱内的"标签"控件**A**，在窗体中会自动出现一个标签。

标签的常用属性详见本任务探究与合作中的表2-4。

（2）文本框。文本框（TextBox）是一个文本编辑区域，程序运行时可以用来显示、输入和编辑文本。

在工具箱内选取"文本框"控件，然后在窗体上按住鼠标左键拖动就可以画出一个文本框。或者双击工具箱内的"文本框"控件，在窗体中会自动出现一个文本框。

文本框的常用属性见本任务探究与合作中的表2-4。

（3）命令按钮。命令按钮（CommandButton）是用户与应用程序交互的最简便方法，程序在运行时往往使用命令按钮来执行特定的操作。

在工具箱内选取"命令按钮"■控件，然后在窗体上按住鼠标左键拖动就可以画出一个命令按钮。或者双击工具箱内的"命令按钮"■控件，在窗体中会自动出现一个命令按钮。

命令按钮的常用属性见本任务探究与合作中的表2-4。

3. 消息对话框

在设计VB应用程序时，VB有很多控件用于数据的输入和输出，利用VB的MsgBox函数可以显示程序运行信息的消息对话框。消息对话框是在一个对话框中显示某个消息或数据，等待用户单击按钮后，程序继续运行。消息对话框有四个组成元素，即图标、提示、命令按钮和对话框标题，如图2-2所示。

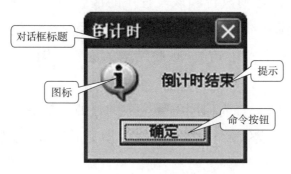

图 2-2　消息对话框

（1）MsgBox函数的格式。

定义格式：

MsgBox 提示 [,对话框类型] [,对话框标题]

其中"[ ]"内为可选参数，可以不指定值。

（2）参数说明。

提示：这是一个必不可少的参数，是消息的正文。

对话框类型：用于确定对话框中的按钮类型，默认的焦点在哪一个按钮上和按钮使用的图标。这个参数的取值是按钮类型、图标类型、默认按钮所对应的数值之和。具体说明见本任务探究与合作中的表2-4。

对话框标题：用于指定在对话框标题栏上显示的信息文本。

例如，要实现图2-2所示效果的消息对话框，对应的语句为：

MsgBox "倒计时结束", 64, "倒计时"

1. 实施说明

设计一个交通信号灯倒计时的顺序结构程序，要求以LED数码管形式实现3到0的倒计时，如图2-3所示。通过设计倒计时程序，初步了解顺序结构程序的一般形式。

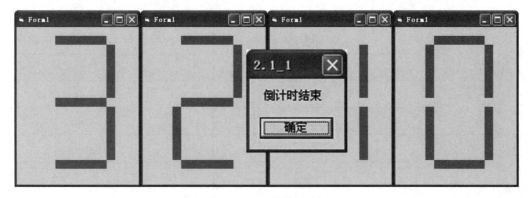

图 2-3　数码管倒计时

2. 实施步骤

步骤1　设计程序界面，窗体中添加7个标签控件对象

新建工程，在窗体绘制7个标签并将对象调整至合适大小和位置，标签名称和位置的对应关系如图2-4所示，按手写数字8的笔画顺序命名标签。

在窗体上创建标签控件，然后在属性窗口中设置相关属性值，方法如图2-5所示。

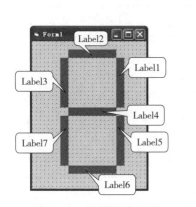

图 2-4　标签摆放位置

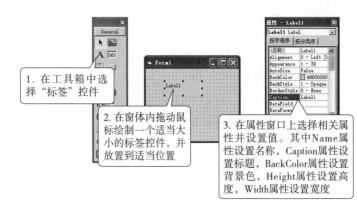

图 2-5　创建标签控件

步骤2　设置标签属性

按表2-2所示，在VB属性窗口设置各标签对象的属性，观察修改设置属性值时，对应对象的外观、位置、形状的变化情况。

表 2-2 标 签 属 性

对　　象	属 性 名 称	属 性 值
标签1	Name	Label1
	Caption	空
	BackColor	红色
	Height	1 440
	Width	240
标签2	Name	Label2
	Caption	空
	BackColor	红色
	Height	240
	Width	1 440
标签3	Name	Label3
	Caption	空
	BackColor	红色
	Height	1 440
	Width	240
标签4	Name	Labe4
	Caption	空
	BackColor	红色
	Height	240
	Width	1 440
标签5	Name	Label5
	Caption	空
	BackColor	红色
	Height	1 440
	Width	240
标签6	Name	Label6
	Caption	空
	BackColor	红色
	Height	240
	Width	1 440

续表

对　象	属性名称	属性值
标签7	Name	Label7
	Caption	空
	BackColor	红色
	Height	1 440
	Width	240

步骤 3　添加代码

（1）VB调用API（应用程序接口）。如图2-6所示，在代码窗口的通用段（最顶端）中输入以下内容：

Private Declare Sub Sleep Lib "Kernel32" (ByVal dwMilliseconds As Long)

为了避免API复杂的书写，也可以按图2-6操作所示，从API浏览器中复制代码。

图 2-6　插入系统代码

（2）编写窗体的Load事件过程代码，具体如下：

在代码窗口中，选择窗体对象"Form"，在事件列表中选择"Load"，在窗体的Load事件过程中输入设置标签不可见的7个语句。

```
Private Sub Form_Load()          '此行为窗体Load事件的起始行，由系统自动生成
    Label1.Visible = False       '手工输入代码，设置标签1不可见，隐藏此标签，以下同理
    Label2.Visible = False
    Label3.Visible = False
    Label4.Visible = False
    Label5.Visible = False
    Label6.Visible = False
    Label7.Visible =False
End Sub                          '此行为窗体Load事件的结束行，由系统自动生成
```

 语句

　　一个语句能实现一个特定的功能，多个语句的组合执行就能实现复杂的功能。在BASIC语言中，一个基本语句通常在一行中书写，当基本语句在一行中写不完或者为了增加语句的可读性，需要跨行书写时，可以在行的末尾添加"_"号把多个行连接成一个基本语句。语句后"'"号的作用是注释，其后的文字不作为语句的一部分。

（3）编写窗体的Click事件过程，具体代码如下：

在代码窗口中，对象列表中选择"Form"，在事件列表中选择"Click"，在窗体的Click事件过程中输入代码。

```
Private Sub Form_Click()
    '以下7语句实现倒计时3的显示效果
    Label1.Visible = True        '标签1显示
    Label2.Visible = True        '标签2显示
    Label3.Visible = False       '标签3不显示
    Label4.Visible = True        '标签4显示
    Label5.Visible = True        '标签5显示
    Label6.Visible = True        '标签6显示
    Label7.Visible = False       '标签7不显示
    Form1.Refresh                '窗体刷新，立刻重绘对象
    Sleep 1000                   '程序停止运行1 000 ms（1s）后程序继续运行
    '以下7语句实现倒计时2的显示效果
    Label1.Visible = True
    Label2.Visible = True
    Label3.Visible = False
    Label4.Visible = True
    Label5.Visible = False
```

```
Label6.Visible = True

Label7.Visible = True

Form1.Refresh        '窗体刷新

Sleep 1000           '1 000 ms后程序继续运行

'以下7语句实现倒计时1的显示效果

Label1.Visible = True

Label2.Visible = False

Label3.Visible = False

Label4.Visible = False

Label5.Visible = True

Label6.Visible = False

Label7.Visible = False

Form1.Refresh        '窗体刷新

Sleep 1000           '1 000 ms后程序继续运行

'以下7语句实现倒计时0的显示效果

Label1.Visible = True

Label2.Visible = True

Label3.Visible = True

Label4.Visible = False

Label5.Visible = True

Label6.Visible = True

Label7.Visible = True

Form1.Refresh        '窗体刷新

Sleep 1000           '1 000 ms后程序继续运行

MsgBox "倒计时结束"        '消息框显示"倒计时结束"
```

End Sub

 自动完成编码

VB 能自动填充语句、属性和参数，这些性能使编写代码更加方便。在输入代码时，编辑器列举适当的选择、语句或函数原型或值。

在语句中输入一对象名和"."时，"自动列出成员特性"会亮出这个对象的下拉式属性表。键入属性名的前几个字母，就会从表中选中该名字，按 Tab 键将完成这次输入。当不能确认给定的控件有什么样的属性时，这个选项是非常有帮助的。详细说明在MSDN中搜索：使用"代码编辑器"。

步骤4　保存工程文件、生成应用程序

将工程文件保存为"2-1-1.vbp"，将窗体文件保存为"2-1-1.frm"，并生成应用程序"2-1-1.exe"。

运行此程序后，程序先显示空白窗体，单击窗体的任意空白位置，结果如图2-3所示依次显示数字，倒计时到0时，消息框显示"倒计时结束"。

 倒计时程序的生活案例

把窗体当做一个房间，在房间的墙上如图2-4那样摆放了7支能独立开关的日光灯管。那么日光灯管的开关相当于标签的"Visible"属性，开灯相当于把"Visible"属性设置成"true"，关灯相当于把"Visible"属性设置成"false"。步骤3中，窗体装载事件过程Form_load中的7个语句，依次执行时好比是依次把一支支日光灯关灯熄灭。窗体单击事件过程Form_Click中，依次显示数字3，停顿1s；显示数字2，停顿1s；显示数字1，停顿1s；显示数字0，停顿1s的整个过程，也可以用日光灯的开关来描述数字的显示。

讨论1
为什么运行程序"2-1-1.exe"后，先只出现空白窗体，单击后才自动开始倒计时？如果想显示窗体后马上开始倒计时该怎样调整代码？

讨论2
本任务中数字显示用的标签对象，可否改用按钮对象？如何调整代码？

练习1　修改工程文件"2-1-1.vbp"中的窗体文件"2-1-1.frm"，要求以 LED 数码管形式实现 9 到 0 的倒计时。并将工程文件保存为"2-1-2.vbp"，窗体文件保存为"2-1-2.frm"。

提示：通过修改标签对象的Visible属性值，改变LED数码管所显示的数字。

练习2　修改工程文件"2-1-2.vbp"中的窗体文件"2-1-2.frm"，使 LED 数码管实现 9 到 0 的倒计时显示速度加快。并将工程文件保存为"2-1-3.vbp"，窗体文件保存为"2-1-3.frm"。

提示：通过修改Sleep函数的参数改变倒计时速度。

练习3　修改工程文件"2-1-2.vbp"中的窗体文件"2-1-2.frm"，要求以 LED 数码管形式实现 20 到 0 的倒计时。并将工程文件保存为"2-1-4.vbp"，窗体文件保存为"2-1-4.frm"。

提示：再绘制7个标签控件，调整大小位置，用来表示LED数码管计数器的十位数字。

练习4　修改工程文件"2-1-1.vbp"中的窗体文件"2-1-1.frm"，要求以 LED 数码管形式实现依次显示 3、2、1、0、1、2、3、2、1、0。并将工程文件保存为"2-1-5.vbp"，窗体文件保存为"2-1-5.frm"。

提示：分别复制显示数字3、2、1、0和暂停的代码段。

（1）演示过河问题。一位农夫带了一只羊、一匹狼、一筐菜过河，只有一条船，一次最多只能带一个人和一样东西，要使狼不吃掉羊，羊不吃掉菜，试设计一个算法，用最少次数让它们全部过河？

分析：要实现以最少的次数过河，又要考虑不能让狼和羊、羊和菜单独在一起，所以过河必须按一定顺序进行。经思考，如图2-7（a）给出顺序比较合理，在窗体上用文本框来显示各个步骤，如图2-7（b）所示。

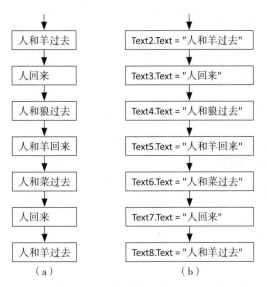

图 2-7　过河顺序和相应窗体文本框内容

① 设计应用程序界面。新建工程，在窗体绘制9个文本框和一个命令按钮并将对象调整至合适大小和位置，标签名称和位置的对应关系如图2-8所示。

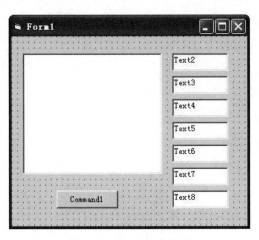

图 2-8　应用程序界面

② 在VB属性窗口设置各对象属性，如表2-3所示。

表 2-3 对 象 属 性

对　　象	属性名称	属　性　值
命令按钮	Name	Command1
	Caption	过河顺序
文本框1	Name	Text1
	Text	一位农夫带了一只羊、一匹狼、一筐菜过河，只有一条船，一次最多只能带一个人和一样东西，要使狼不吃掉羊，羊不吃掉菜，试设计一个算法，用最少次数让它们全部过河？
	MultiLine	True
	Font	小四
文本框2	Name	Text2~Text8
	Text	空白
	Visible	False

③ 编写命令按钮的Click事件过程，具体代码如下：

```
Private Sub Command1_Click()
        Text2.Visible = True
        Text2.Text = "人和羊过去"
        Text3.Visible = True
        Text3.Text = "人回来"
        Text4.Visible = True
        Text4.Text = "人和狼过去"
        Text5.Visible = True
        Text5.Text = "人和羊回来"
        Text6.Visible = True
        Text6.Text = "人和菜过去"
        Text7.Visible = True
        Text7.Text = "人回来"
        Text8.Visible = True
        Text8.Text = "人和羊过去"
    End Sub
```

④ 调试和保存工程。

将工程文件保存为"2-1-6.vbp"，将窗体文件保存为"2-1-6.frm"。

运行结果如图2-9所示。

图 2-9　过河程序演示

（2）标签、文本框和命令按钮的常用属性，如表2-4所示。

表 2-4　标签、文本框和命令按钮的常用属性

对象	属性	说　明
标签	（名称）	Name。设置标签的名称，默认为Label1
	Caption	标题，即指定在标签中显示的文本。默认为Label1
	AutoSize	决定控件是否能自动调整大小以显示所有内容。默认为False
	BackStyle	指背景样式是透明的还是不透明的。默认为1表示不透明，0表示透明
	BorderStyle	设置边框样式。默认为0表示无边框
	WordWrap	决定控件是否扩大以显示标题文字。默认为False
	Alignment	标签文本的对齐方法。默认为0表示左对齐
	Height	设置对象高度
	Width	设置对象宽度
	Left	设置对象左边距
	Top	设置对象上边距
文本框	（名称）	Name。设置文本框的名称，默认为Text1
	Text	文本框内的文本。默认为Text1
	Locked	决定文本框是否可编辑。默认为False，即允许编辑
	MaxLength	文本框中可以输入的字符的最大数。默认为0表示未设置
	MultiLine	决定是否多行显示。默认为False，即不能换行
	Scrollbars	决定是否有垂直或水平滚动条。默认为0，即无滚动条
	Font	设置文本字体
	PasswordChar	决定文本框中是否显示用户输入字符或者特殊显示字符。一般用于口令（密码）的文本框

续表

对象	属性	说　明
命令按钮	（名称）	Name。设置命令按钮的名称，默认为Command1
	Caption	标题，即指定在命令按钮上显示的文本。默认为Command1
	Enabled	决定命令按钮是否有效。默认为True
	Visible	决定命令按钮是否可见。默认为True
	Style	设置命令按钮的外观为文字或图形。默认为0，即文字形式
	Picture	设置命令按钮上显示的图形
	Cancel	设置命令按钮是否为窗体的"取消"按钮。默认为False
	Default	设置命令按钮是否为窗体的"缺省"按钮。默认为False

（3）MsgBox函数的对话框类型参数，如表2-5所示。

表 2-5　MsgBox 函数的对话框类型参数

参　数	VB 符号常量	值	说　明
按钮类型	vbOKonly	0	只显示"确定"按钮
	vbOKCancel	1	显示"确定"和"取消"按钮
	vbAbortRetryIgnore	2	显示"终止"、"重试"和"忽略"按钮
	vbYesNoCancel	3	显示"是"、"否"和"取消"按钮
	vbYesNo	4	显示"是"和"否"按钮
	vbRetryCancel	5	显示"重试"和"取消"按钮
图标类型	vbCritical	16	显示关键信息图标（❌）
	vbQuestion	32	显示询问信息图标（❓）
	vbExclamation	48	显示警告信息图标（⚠）
	vbInformation	64	显示普通信息图标（ℹ）
默认按钮	vbDefaultButton1	0	第1个按钮是默认值
	vbDefaultButton2	256	第2个按钮是默认值
	vbDefaultButton3	512	第3个按钮是默认值
	vbDefaultButton4	768	第4个按钮是默认值

（4）编写一个字母显示程序，窗体文件保存为"LedChar.frm"，工程文件保存为"LedChar.vbp"，实现如下功能：程序运行后窗体显示2个按钮，如图2-10（a）所示；单击"E"按钮显示"E"，如图2-10（b）所示；单击"F"按钮显示"F"，如图2-10（c）所示。

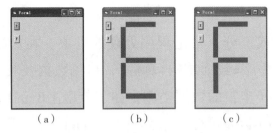

图 2-10　字母显示程序

（5）扩充图2-10所示程序的功能，添加一个"A"按钮，单击"A"按钮也能显示"A"。

任务 2.2　制作数字记分台

在现实生活中，经常有各种比赛（如乒乓球、排球、羽毛球等）。在比赛过程中需要进行记分，而记分方法可以采用人工记分牌，如图2-11所示，也可以用数字记分台，如图2-12所示。

图 2-11　人工记分牌

图 2-12　数字记分台

本任务将通过用VB设计一个数字记分台程序，学习数据类型、变量、IF分支语句的使用。

1. 控件命名

所有控件对象在刚创建时都有一个默认的名称（如第1个标签的名称为Label1），为了便于编程与记忆，通常要对这个名称进行修改。

在为控件命名时，一般遵守约定：控件前缀或控件前缀简称+自定义名。控件前缀表示控件的类型，由于每个控件都有一个默认的名称，因此可以从该默认的名称中取出3个字符作为类型名（参见本任务探究与合作中的表2-9）。而用户自定义名最好有一定的意义，以便于记忆。

如"lblFS"、"LableFS"表示显示分数的标签，"txtJF"、"TextJF"表示局分的文本框，"cmdTC"、"CommandTC"表示退出的命令按钮。

2. 数据类型

数据是程序的必要组成部分，也是程序处理的对象。在传统的基于过程的高级语言中，有一个著名的公式"程序=数据结构+算法"，可见数据及其组织结构的重要性。数据具有不同的类型，VB提供了丰富的数据类型，如字节型（Byte）、整型（Integer）、逻辑型（Boolean）、字符型（String）以及可变数据类型（Variant）等。数据和数据类型之间的关系也如同对象和类之间的关系。不同类型的数据在一定规则下可以相互进行转换。

在数学中，有两个常见的数的类型，整数和小数，如数据3是整数，而3.14则为小数。

生活中有各种不同的数据及数据类型，中国古代五行说中的"水、木、金、火、土"可以看做5种不同类型的数据，瓶中之水可以看做具体的数据。

数据类型详见本任务探究与合作中的表2-10。

3. 变量概念、定义和使用

变量是用来存放数据的容器，变量中的数据值在运行中随时都可能发生变化。如把一个瓶可以看做一个变量，为了方便存取，可以给瓶子取一个名字，如蓝瓶、红瓶，或1号瓶、2号瓶等，里面装的水就可以看做变量的数据或数值。假如把喝水的动作当做一个语句，有1满瓶水，先喝10 ml，再喝20 ml，这样每一个喝水动作之后，这个变量的数据值（瓶中的水量）就发生了变化。

（1）变量的命名。为了便于在程序中加以区分，每一个变量都必须有一个唯一的名字，给变量命名时要遵守以下规定：

① 必须以字母开头，由字母、数字和下划线构成，长度不超过255个字符，大小写不区分。

② 不能与VB的保留字重名，如For、Next、If、Exit、Do、End、Sub、Function、While和Select等。

③ 为了增加程序的可读性，变量的命名应含义清楚。

（2）变量的定义。不同类型的数据在计算机中的存放方式和占用的内存空间不同，变量的定义用于指明该变量可以存储的数据的类型，这样系统就会给变量分配一定的内存空间，用于储存数据。变量作为容器，存储的数据有一定的范围，不同类型的变量其容量也不同，如同500 ml的瓶子和5 000 ml的瓶子能容纳的数据量（水）不同。变量在使用前通常先要在代码窗口的通用段中定义，如同要完成一个"植树"程序，通常先要准备"一桶水、一筐土、一篓树苗"。

变量定义的格式：Dim VariableName [As type]

例如：

```
Dim  Name As String    '定义了Name为字符串型变量
```

```
Dim  Age As Integer      '定义了Age为整数型变量
```

（3）变量的赋值。给变量赋值是一种最常见的操作，把数据值赋给变量。

赋值语句的格式：变量名=数据

例如：

```
Name="张三"         '变量Name的值赋为"张三"

Age=16              '变量Age的值赋为16

Age=Age1+2          '变量Age的值赋为Age1的值加上2

Age=Age+2           '变量Age的值赋为在自己原来基础上加上2
```

对变量作用的理解取决于程序编写人员，可以把Age和Age1两个变量分别表示2个人的年龄，也可以表示2棵树的年龄，当然也可以表示为2个人的体重或2棵树的高度，但显然表示前者很好理解，表示后者就有点名不符实，因此，给变量取名要尽量做到"名副其实"。

对象的属性可以理解为属性变量，前面任务里，其实已经使用了Form.Caption="简易IE"、label1.Visible=Flase这样的赋值语句，Caption属性变量的作用就是存放窗体的标题，Visible属性变量的作用就是存放对象是否可见的值。

4. 关系比较运算

生活中经常会有各种比较，如小孩子乘车买票时，如果小孩子的身高低于130 cm，则买半票，否则买全票。换句话陈述，小孩子身高低于130 cm的条件成立，则买半票，不成立买全票。条件成立在VB中用True表示，不成立用False表示，因此比较的结果产生一个逻辑值（True或False），关系比较的结果通常作为分支和循环语句中的条件。关系比较通常发生在表达式、变量与常量之间。

如果变量h的值为128，表示小孩子的身高为128 cm，则h<130的比较结果为True。

如果变量a的值为10，变量b的值为8，则a−b>2的比较结果为Flase。

5. Val() 函数

Val()函数是VB中典型的常用内部函数。其作用是将字符类型的数据转换为数值类型的数据。

例如：

```
Dim bytA as byte  '定义字节类型的变量bytA，在其中可以存储的数的范围0 ~ 255

bytA=Val("255")   '其结果bytA的值为255
```

如果执行bytA=Val("256") 或bytA=Val("−1")，则系统会出现变量"溢出"的错误，因为Val("256")的结果为数值256，Val("−1")的结果为−1，超出了bytA变量存储的范围，此时需要更大容量的变量类型，比如整型。

把数字字符串转化成数值节省了存储空间，数字字符串"255"占3个字节，而数值255

只占了1个字节。

6. If 语句

If 语句又称条件语句，是一种最基本的分支结构语句，它可以根据条件来选择执行语句。在顺序结构语句中程序会执行所有的语句，在分支结构中一次执行只会执行一部分语句。在生活中也经常会碰到分支选择的情况，比如，如果天下雨，体育课在室内上，否则在田径场上，显然体育课同一时间只会在一个地方上。

If语句有两种结构形式，流程图如图2-13所示。

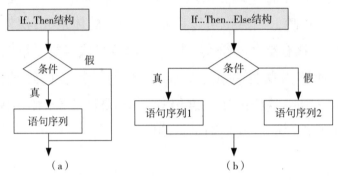

图 2-13 If语句结构形式

（1）If...Then结构。

多行格式：

```
If <条件> Then
语句序列    '条件为True时，才执行此处的语句序列，否则直接执行End If后面的语句
End If
```

或单行格式：

```
If <条件>  Then  语句  '条件为True时，才执行此语句
```

其中，"条件"通常是一个关系表达式，但它也可以是任何计算数值的表达式，当表达式值为0时，VB将这个值看做False，表示条件不成立，而任何非0数值都被看做True，表示条件成立。

例如：

```
Private Sub Command1_Click()
    Dim a As Integer, b As Integer
    a = 10
    b = 20
    If a < b Then
        a = b    '因为a<b成立，所以执行把b的值赋给a
    End If
    Print a    '在窗体上打印出变量a的值20
```

End Sub

（2）If...Then...Else结构。

多行格式：

If <条件> Then

　　语句序列1　　'条件为True时，才执行此处的语句序列1

Else

　　语句序列2　　'条件为false时，才执行此处的语句序列2

End If

或单行格式：

If <条件>　Then　语句1　Else　语句2

'若条件为True，则执行"语句1"，否则执行"语句2"

1. 实施说明

设计一个数字记分台，如图2-14所示，有红蓝两方，两个加分按钮分别对应红蓝两方的加分（每次加1分），先到11分的一方获胜，并显示获胜信息。"归零"按钮可以使红蓝双方的分数变零。

2. 实施步骤

步骤1　界面设计

新建一个工程，设计界面如图2-15所示，共4个标签，4个按钮，控件对象大小及位置自定。

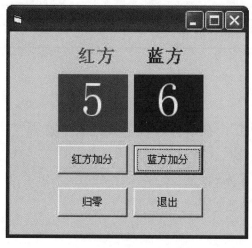

图 2-14　记分台

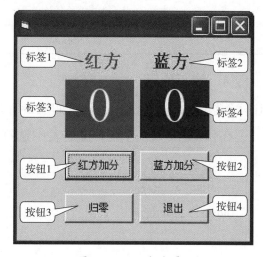

图 2-15　记分台界面

步骤 2 设置对象属性

设置对象属性,如表2-6所示。

表 2-6 记分台属性

对 象	属 性 名 称	属 性 值	说 明
窗体	Caption	记分台	
标签1	Caption	红方	
	ForeColor	红色	
标签2	Caption	蓝方	
	ForeColor	蓝色	
标签3	Name（名称）	lblHFFS	显示红方分数
	Caption	0	
	BackColor	红色	
标签4	Name（名称）	lblLFFS	显示蓝方分数
	Caption	0	
	BackColor	蓝色	
按钮1	Name	cmdHFJF	红方加分
	Caption	红方加分	
按钮2	Name（名称）	cmdLFJF	蓝方加分
	Caption	蓝方加分	
按钮3	Name（名称）	cmdGL	归零
	Caption	归零	
按钮4	Name（名称）	cmdTC	退出
	Caption	退出	

步骤 3 编写代码

在代码窗口中输入相应代码,如图2-16所示。

(1)在代码窗口的对象下拉列表中选择"通用",在事件过程下拉列表中选择"声明",
输入:

```
Dim HFFS As Integer            '定义红方分数变量
Dim LFFS As Integer            '定义蓝方分数变量
```

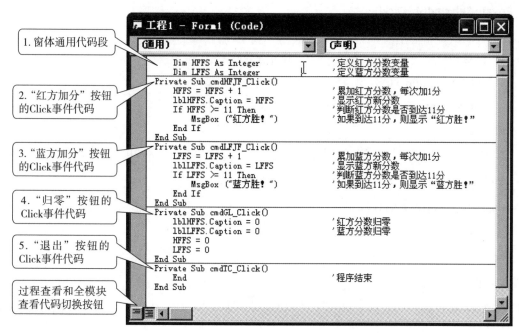

1. 窗体通用代码段

2. "红方加分" 按钮的Click事件代码

3. "蓝方加分" 按钮的Click事件代码

4. "归零" 按钮的Click事件代码

5. "退出" 按钮的Click事件代码

过程查看和全模块查看代码切换按钮

图 2-16 记分台代码窗口

（2）在代码窗口的对象下拉列表中选择 "cmdHFJF"，在事件过程下拉列表中选择 "Click"，在此按钮事件过程中输入（不含加黑部分）：

```
Private Sub cmdHFJF_Click()
    HFFS = HFFS + 1                 '累加红方分数，每次加1分
    lblHFFS.Caption = HFFS         '显示红方新分数
    If HFFS >= 11 Then             '判断红方分数是否到达11分
        MsgBox ("红方胜！")        '如果到达11分，则显示"红方胜！"
    End If
End Sub
```

（3）在代码窗口的对象下拉列表中选择 "cmdLFJF"，在事件过程下拉列表中选择 "Click"，在此按钮事件过程中输入（不含加黑部分）：

```
Private Sub cmdLFJF_Click()
LFFS = LFFS + 1                    '累加蓝方分数，每次加1分
    lblLFFS.Caption = LFFS         '显示蓝方新分数
    If LFFS >= 11 Then             '判断蓝方分数是否到达11分
        MsgBox ("蓝方胜！")        '如果到达11分，则显示"蓝方胜！"
    End If
End Sub
```

（4）在代码窗口的对象下拉列表中选择 "cmdGL"，在事件过程下拉列表中选择 "Click"，在此按钮事件过程中输入（不含加黑部分）：

```
Private Sub cmdGL_Click()
    HFFS = 0                    '红方分数归零
    LFFS = 0                    '蓝方分数归零
    lblHFFS.Caption = 0         '红方记分牌归零
    lblLFFS.Caption = 0         '蓝方记分牌归零
End Sub
```

（5）在代码窗口的对象下拉列表中选择"cmdTC"，在事件过程下拉列表中选择"Click"，在此按钮事件过程中输入（不含加黑部分）：

```
Private Sub cmdTC_Click()
    End                         '程序结束
End Sub
```

步骤 4　保存、调试运行

将工程文件保存为"2-2-1.vbp"，窗体文件保存为"2-2-1.frm"。运行结果如图2-17所示。

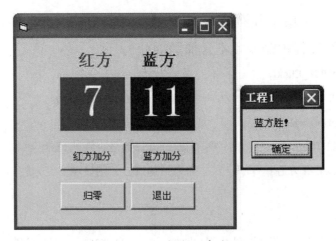

图 2-17　记分台程序演示

知识链接　记分台的案例

　　为了便于理解，乒乓球比赛时，假设有1个裁判、2个记分员、1个工作助理和1个场地管理员。裁判的工作是示意哪一方得分，如裁判示意红方得分（单击了"红方加分"按钮），则红方记分员（"红方加分"按钮的Click事件过程）给红方加分（HFFS变量的值加1，可以看做往红瓶里加入一只小球），并把变量的值（红瓶中球的数量）显示在记分牌上（lblHFFS.Caption=HFFS），然后判断，如果球的数量到11只了，则提醒红方胜(MsgBox)，裁判说知道了（单击"确定"按钮）。裁判接着示意准备重新记分（单击"归零"按钮），工作助理（"归零"按钮的Click事件过程）则把双方瓶里的球倒出（HFFS=0，LFFS=0），把记分牌的状态改为0。如果裁判说，比赛结束（单击"退出"按钮），则场地管理员（"退出"按钮的Click事件过程），清理场地，关闭场馆（End）。

3 讨论与练习

讨论 1
　　此程序在红方或蓝方到达 11 分后，虽然出现了相应方获胜的信息，但之后还可以继续加分。这种情况是否符合实际的比赛情况？如何避免？

讨论 2
　　此程序还有一个缺点，那就是只能计到 11 分，如果某一种比赛要计到 21 分（如排球比赛），则这个记分台就不能用了。那么如何使记分台能适用于 21 分制甚至任何分制的比赛呢？

　　练习 1　使程序在一局中某一方获胜之后，该局就结束，而不能再加分了。将工程文件保存为"2-2-2.vbp"，窗体文件保存为"2-2-2.frm"。

　　提示：通过设置按钮Enabled属性的值，在某方获胜之后，使"红方加分"和"蓝方加分"两个按钮处于不可用状态。这样就不能再加分了。而在"归零"按钮中增加代码，使"红方加分"和"蓝方加分"两个按钮变为可用状态。参考效果如图2-18所示。

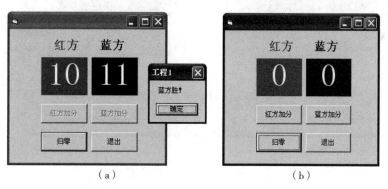

（a）　　　　　　　　　　　（b）

图 2-18　记分台修改（1）

　　（1）"红方加分"按钮的事件过程代码参考（蓝方加分的类似）：

```
Private Sub cmdHFJF_Click()
    HFFS = HFFS + 1
    lblHFFS.Caption = HFFS
    If HFFS >= 11 Then
        MsgBox ("红方胜！")
        cmdHFJF.Enabled = False      '使"红方加分"按钮不可用
        cmdLFJF.Enabled = False      '使"蓝方加分"按钮不可用
```

```
        End If
    End Sub
```

（2）归零按钮的事件代码参考：

```
    Private Sub cmdGL_Click()
        lblHFFS.Caption = 0        '红方记分牌归零
        lblLFFS.Caption = 0        '蓝方记分牌归零
        HFFS = 0                   '红方分数归零
        LFFS = 0                   '蓝方分数归零
        cmdHFJF.Enabled = True     '使"红方加分"按钮可用
        cmdLFJF.Enabled = True     '使"蓝方加分"按钮可用
    End Sub
```

练习 2　使程序具有通用性，即能适用于任意分制的比赛。如果有一种比赛每局是 9 分，先到 9 分的一方胜利。将工程文件保存为"2-2-3.vbp"，窗体文件保存为"2-2-3.frm"。

提示：新增一个用于设置局分的"文本框"，参考效果如图2-19所示，属性设置参考表2-7所示。

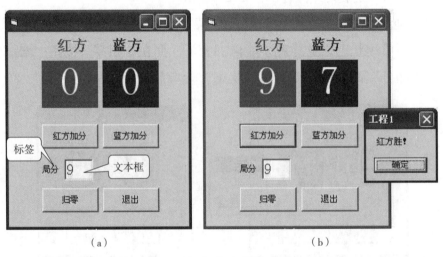

（a）　　　　　　　　　　　（b）

图 2-19　记分台修改（2）

表 2-7　记分台修改（练习 2）属性设置

对　象	属 性 名 称	属 性 值	说 　明
标签	Caption	局分	
文本框	Name	txtJF	局分
	Text	9	初始值为9

代码参考：

```
    Private Sub cmdHFJF_Click()
        Dim HFFS As Integer
```

```
    Dim JF As Integer                    '定义局分变量
JF = Val(txtJF.Text)                     '获取每局分数
    HFFS = Val(lblHFFS.Caption)
    HFFS = HFFS + 1
    lblHFFS.Caption = HFFS
    If HFFS >= JF Then                   '判断红方分数是否到达局分
        MsgBox ("红方胜！")
        cmdHFJF.Enabled = False
        cmdLFJF.Enabled = False
    End If
End Sub
```

练习 3　增加程序的通用性，使其不仅仅只能每次加 1 分，而是可以更改加分量。比如篮球比赛加分的情况有 3 种（1 分、2 分和 3 分）。当然此程序用于篮球比赛时可以将局分设置得大一点（如 500 分）。因为篮球赛只限定时间，而没有限定局分。设计之后将工程文件保存为"2-2-4.vbp"，窗体文件保存为"2-2-4.frm"。

提示：新增一个用于设置加分量的"文本框"，参考效果如图 2-20 所示，属性设置参考表 2-8 所示。

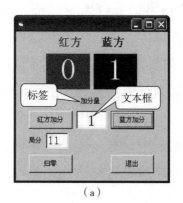 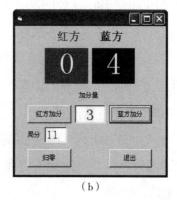

（a）　　　　　　　　（b）

图 2-20　记分台修改（3）

表 2-8　记分台修改（练习 3）属性设置

对　　象	属 性 名 称	属 性 值	说　　明
标签	Caption	加分量	
文本框	Name	txtJFL	加分量
	Text	1	初始值为 1

代码参考：

```
Private Sub cmdHFJF_Click()
    Dim HFFS As Integer
```

```
Dim JF As Integer
Dim JFL As Integer              '定义加分量变量
JF = Val(txtJF.Text)
JFL = Val(txtJFL.Text)          '获取每次加分量
HFFS = Val(lblHFFS.Caption)
HFFS = HFFS + JFL               '累加红方分数，每次加上加分文本框中的数
lblHFFS.Caption = HFFS
If HFFS >= JF Then
    MsgBox ("红方胜！")
    cmdHFJF.Enabled = False
    cmdLFJF.Enabled = False
End If
End Sub
```

（1）改进数字记分台的功能。上面实现的数字记分台比较完整，可以应用到简单的比赛中。但还不能用于正式的比赛（如乒乓球、排球等）中。因为在这些正式比赛的规则中还有一个赛点的要求。如在乒乓球比赛中，只有在某方到达局分后，而且至少赢对方2分，才能获胜。如，红方与蓝方的比分为10：10时，那么红方再赢1分之后还不能获胜，只能再赢1分，使比分变为12：10时才算红方获胜。

这里的要求不同于上面的例子，在上面的例子中只有一个条件，即某方在加分之后是否到达局分。而现在有两个条件：一是某方在加分之后是否到达或超过局分；二是该方在加分之后分数有没有至少赢对方2分。

要求设计一个程序，在能实现以上功能的基础上，实现赛点功能，参考效果如图2-21所示。将工程文件保存为"2-2-5.vbp"，窗体文件保存为"2-2-5.frm"。

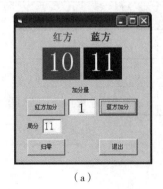

（a）

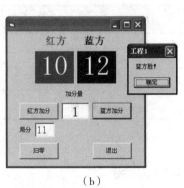

（b）

图 2-21　记分台修改（4）

红方加分代码参考（蓝方加分代码类似）：

```
Private Sub cmdHFJF_Click()
        Dim HFFS As Integer , LFFS As Integer        '定义红方、蓝方分数变量
        Dim JF As Integer
        Dim JFL As Integer
        JF = Val(txtJF.Text)
        JFL = Val(txtJFL.Text)
        HFFS = Val(lblHFFS.Caption)                  '获取红方原分数
        LFFS = Val(lblLFFS.Caption)                  '获取蓝方原分数
        HFFS = HFFS + JFL
        lblHFFS.Caption = HFFS
        If HFFS >= JF And ((HFFS - LFFS) >= 2) Then   '条件表达式，判断红方分数是否到达局分，
                                                      '并是否至少赢蓝方2分

                MsgBox ("红方胜！")
                cmdHFJF.Enabled = False
                cmdLFJF.Enabled = False
        End If
End Sub
```

（2）部分控件对象命名时的推荐前缀，如表2–9所示。

表 2–9　常用控件前缀

控 件 类 型	属 性 名 称	推 荐 前 缀
Checkbox	检查框	chk
Combobox	组合框	cbo
Commandbutton	命令按钮	cmd
Form	窗体	frm
Picturebox	图片框	pic
Label	标签	lbl
Textbox	文本框	txt

（3）VB提供的数据类型，如表2–10所示。

表 2-10 VB 提供的数据类型

数据类型	关键字	类型符	前缀	占字节数	表示数的范围
字节型	Byte	无	byt	1	0~255
逻辑型	Boolean	无	bln	2	True或False
整型	Integer	%	int	2	−32768~32767
长整型	Long	&	lng	4	−2147483648~2147483647
单精度型	Single	!	sng	4	负数：−3.402823E38~−1.401298E−45 正数：1.401298E−45~3.402823E38
双精度型	Double	#	dbl	8	负数： −1.79769313486232D308~−4.94065645841247D−324 正数： 4.94065645841247D−324~1.79769313486232D308
货币型	Currency	@	cur	8	−922337203685477.5808~922337203685477.5807
日期型	Date	无	dtm	8	100.1.1—9999.12.31
对象型	Object	无	obj	4	
变长字符串型	String	$	str	不定	每个字符占1个字节
定长字符串型	String*N	$	str	N个	1~65 535字节（64KB）
变体型	Variant	无	vnt	不定	若存放数值类型，占16个字节； 若存放字符串，则与字符串相同

任务 2.3 制作数码管记分台

本任务在任务2.1和任务2.2的基础上，把记分台的数字显示方式改成数码管。通过本任务主要学习过程与函数，并熟悉在编辑窗口使用复制和粘贴代码。

1. 过程的基本概念

在前面已经接触了事件过程，如在任务1.2中单击"转到"按钮调用浏览器控件的浏览网页过程，在任务2.1中调用窗体的Form_Click事件过程，在Form_Click事件过程中，代码可以分成若干段，每一段实现特定的功能，36条（行）语句代码顺序执行的结果是在屏幕上依次显示数码管表达的数字3、2、1、0。总体的结构如图2-22所示。

图 2-22　数码管倒计时的顺序执行示意图

如果想实现依次显示3、2、1、0、1、2、3、2、1、0的显示效果，在任务2.1的练习4中采用了重复复制代码段的形式，这样共需要90条（行）语句，Form_Click事件过程中的代码变得非常冗长，不便于调试代码，一般情况下，一个事件过程中的代码尽量在1个屏幕中能完全显示。

分析任务2.1的练习4的代码，可以发现显示3、0的代码段各重复了2次，显示2、1的代码段各重复了3次。编程语言中提供了"过程"这一机制来优化程序的代码，过程是能完成某一特定功能，且能被反复使用（专业术语称"调用"）的一段程序代码。如果把显示3、2、1、0的代码段分别创建为过程XS3、XS2、XS1、XS0。那么任务2.1的练习4中代码结构会变得非常清晰，可读性也大大增加。

如图2-23所示，Form_Click事件过程中的代码只有10行，每一行调用一个过程以显示相应的数字。调用过程XS3，程序执行过程XS3中的代码（9行）。这样整个程序Form_Click事件过程和XS3、XS2、XS1、XS0的代码总共为10+4×9=46行。设想如果要按一定的次序显示100次3、2、1、0的时候，用过程调用的方式的代码行数为100+4×9=136行，而用重复顺序代码的形式则需要100×9=900行。可见过程让代码变得结构简洁明了，使用过程的另一个好处在于便于维护代码和调整程序功能，如果要实现改变数码3的显示形状，在重复顺序代码的形式中，凡是显示数码3的代码段都需要改变，而采用过程方式只需要调整过程XS3中的代码即可。

其实，显示数码管数字的过程中，还调用了两个过程，一个是窗体刷新的过程Form1.Refresh，另一个是Sleep过程，这两个过程是系统自带的过程。系统提供的过程可以直接调用，而用户自定义的过程需要预先定义创建。

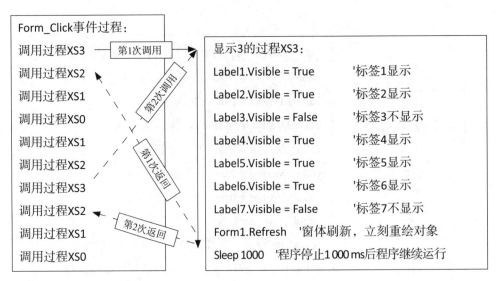

图 2-23 过程调用的示意图

2. 窗体过程的定义和调用

（1）定义窗体过程。在任务2.1的Form1的代码窗体中，该窗体的Click事件过程形如：

```
Private Sub Form_Click()
    '显示倒计时的代码
End Sub
```

在任务1.2的FormIE的代码窗体中，按钮Command1的Click事件过程形如：

```
Private Sub Command1_Click()
    '调用显示网页的过程
End Sub
```

窗体中的自定义过程代码置于窗体代码窗口的通用段内，定义不带参数的过程格式如下：

```
Private Sub 过程名称
    '过程代码
End sub
```

窗体中定义过程XS0如图2-24所示。

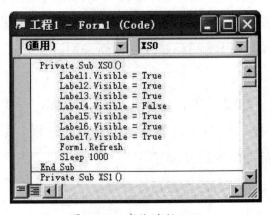

图 2-24 窗体过程 XS0

（2）调用窗体过程。过程调用有两种格式。

调用格式1：过程名

调用格式2：Call 过程名

建议用第2种格式，增加程序的可读性，用Call比较直观形象地调用（呼叫）过程。

如图2-24定义了窗体过程XS0，则Form1的事件过程或其他窗体过程中添加语句Call XS0，则显示数码管数字0。

3. 数值的取余和整除运算

在数学中，如果有一个两位数，已知个位数是a，十位数是b，则这个数n的值是$10 \times b + a$，反过来如果已知一个两位数的数值是n，则它的个位数是n除以10的余数，它的十位数是n除以10的商。在VB中可以取余和整除运算来实现获取一个数n的个位数和十位数。

VB中的取余运算符是"Mod"，格式如下：

数值1 Mod 数值2

运算结果为数值1除以数值2的余数，如 23 Mod 5 的结果为3。

VB中的整除运算符是反斜杠"\"，格式如下：

数值1\数值2

运算结果为数值1除以数值2的商，如23 \5的结果是4。

例如有一个数n=23，则下列代码顺序执行后的结果得到它的十位数b为2，个位数a为3。

```
N = 23
a = n Mod 10
b = n\10
```

获取数值各位上的值是基本的一项运算，如图2-25所示，在文本框中输入一个两位数，单击"显示"按钮用数码管显示该数。这时需要用到数值分离的方法，分别显示该数个位数上的数码和十位数上的数码。

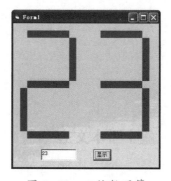

图 2-25　二位数码管

1. 实施说明

本任务首先对任务2.1数码管倒计时器代码用过程来"封装"，实现倒计时功能，然后在此基础上扩展功能，实现二位数码管的显示，建议在任务2.2的基础上调整显示分值的代码，用过程调用形式实现显示数码管形式的数字记分。

2. 实施步骤

步骤 1　用过程改造数码管倒计时器

复制任务2.1中任务文件夹"2-1"到"2-3-1",打开工程"2-1-1.vbp"，把工程文件另存为"2-3-1.vbp"，窗体文件另存为"2-3-1.frm"。

（1）在Form1的窗体代码通用段中输入以下代码，定义过程XS0、XS1、XS2、XS3分别用于显示数码0、1、2、3。

```
Private Declare Sub Sleep Lib "Kernel32" (ByVal dwMilliseconds As Long)
'以下定义显示0、1、2、3以及隐藏数码的过程
Private Sub XS0()    '显示0的过程
    Label1.Visible = True
    Label2.Visible = True
    Label3.Visible = True
    Label4.Visible = False
    Label5.Visible = True
    Label6.Visible = True
    Label7.Visible = True
    Form1.Refresh
    Sleep 1000
End Sub
Private Sub XS1()    '显示1的过程
    Label1.Visible = True
    Label2.Visible = False
    Label3.Visible = False
    Label4.Visible = False
    Label5.Visible = True
    Label6.Visible = False
```

```
        Label7.Visible = False
        Form1.Refresh
        Sleep 1000
End Sub
Private Sub XS2()    '显示2的过程
        Label1.Visible = True
        Label2.Visible = True
        Label3.Visible = False
        Label4.Visible = True
        Label5.Visible = False
        Label6.Visible = True
        Label7.Visible = True
        Form1.Refresh
        Sleep 1000
End Sub
Private Sub XS3()    '显示3的过程
        Label1.Visible = True
        Label2.Visible = True
        Label3.Visible = False
        Label4.Visible = True
        Label5.Visible = True
        Label6.Visible = True
        Label7.Visible = False
        Form1.Refresh
        Sleep 1000
End Sub
Private Sub YCSM()    '隐藏数码
        Label1.Visible = False
        Label2.Visible = False
        Label3.Visible = False
        Label4.Visible = False
        Label5.Visible = False
        Label6.Visible = False
        Label7.Visible = False
End Sub
```

（2）调整form_load和Form_Click事件过程。

删除2个事件过程中原有的代码，重新输入以下代码。

```
Private Sub Form_Load()
    Call YCSM   '窗体启动时调用隐藏数码管的过程
End Sub
Private Sub Form_Click()
    Call XS3  '调用显示数码3的过程
    Call XS2  '调用显示数码2的过程
    Call XS1  '调用显示数码1的过程
    Call XS0  '调用显示数码0的过程
End Sub
```

按F5运行测试程序。

（3）调整Form_Click事件过程显示3、2、1、0、1、2、3。

```
Private Sub Form_Click()
    Call XS3  '调用显示数码3的过程
    Call XS2  '调用显示数码2的过程
    Call XS1  '调用显示数码1的过程
    Call XS0  '调用显示数码0的过程
    Call XS1  '调用显示数码1的过程
    Call XS2  '调用显示数码2的过程
    Call XS3  '调用显示数码3的过程
End Sub
```

按F5运行测试程序。

（4）分别添加显示数码4~9的6个过程XS4、XS5、XS6、XS7、XS8、XS9，方法同添加显示数码0的过程XS0，分别调整过程中设置标签的可见属性。

（5）调整Form_Click事件过程显示9、8、7、6、5、4、3、2、1，在过程中依次顺序调用显示对应数码的过程。按F5运行测试。

步骤 2 实现两位数码管的显示

保存工程和窗体文件后，复制任务文件夹"2-3-1"到"2-3-2"，工程"2-3-1.vbp"另存为"2-3-2.vbp"，把窗体文件"2-3-1.frm"另存为"2-3-2.frm"。

（1）调整界面，添加两组数码管、文本框和显示按钮。如图2-26所示，这些标签可以新建，也可以从原来的任务中复制，复制时当系统提示是否创建控件数组时，选择"否"。然后按图2-26所示，命名标签。右边的数码管用于显示个位数，左边的数码管用于显示十位数。左边的标签序号与右边的对应，在右边的名称后加S区分，这样便于程序代码的编写。

相关属性的设置参考任务2.1。

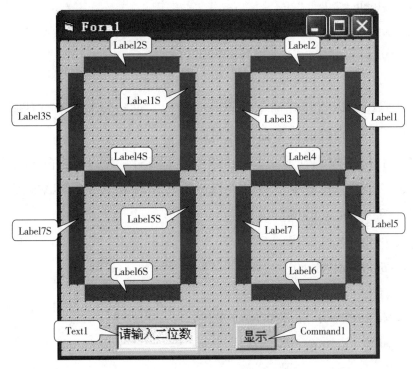

图 2-26 二位数码管界面

（2）添加显示十位上数码管的过程XS0S。

在窗体的代码窗体中，修改过程XS0把其中的语句"Form1.Refresh"和"Sleep 1000"删除，结果如下：

```
Private Sub XS0()    '显示0的过程

    Label1.Visible = True

    Label2.Visible = True

    Label3.Visible = True

    Label4.Visible = False

    Label5.Visible = True

    Label6.Visible = True

    Label7.Visible = True

End Sub
```

复制以上过程XS0的代码，粘贴到通用段的空白位置处，把过程名称修改为XS0S，把过程中的标签名称后均加S，结果如下：

```
Private Sub XS0S()    '显示0的过程

    Label1S.Visible = True

    Label2S.Visible = True

    Label3S.Visible = True
```

```
        Label4S.Visible = False
        Label5S.Visible = True
        Label6S.Visible = True
        Label7S.Visible = True
End Sub
```

过程XS0S的代码也可以直接在通用代码段中输入，通过复制已有代码修改的方式比较方便，这得益于左右两个数码管的标签命名的对应。

同理，修改用于右侧数码管显示1 ~ 9的9个过程XS1 ~ XS9，去除其中的语句"Form1. Refresh"和"Sleep 1000"。再复制、粘贴并修改过程名称和其中的标签名称，成为左侧数码管显示1 ~ 9的9个过程XS1S ~ XS9S。

（3）添加显示按钮的Click事件。

```
Private Sub Command1_Click()
        Dim n, a, b
        n = Val(Me.Text1.Text)        '获取输入的数值
        a = n Mod 10                  '取个位数
        b = n \ 10                    '取十位数
        If a = 0 Then XS0
        If a = 1 Then XS1
        If a = 2 Then XS2
        If a = 3 Then XS3
        If a = 4 Then XS4
        If a = 5 Then XS5
        If a = 6 Then XS6
        If a = 7 Then XS7
        If a = 8 Then XS8
        If a = 9 Then XS9
        '以上代码显示个位数的数码
        If b = 0 Then XS0S
        If b = 1 Then XS1S
        If b = 2 Then XS2S
        If b = 3 Then XS3S
        If b = 4 Then XS4S
        If b = 5 Then XS5S
        If b = 6 Then XS6S
        If b = 7 Then XS7S
```

If b = 8 Then XS8S

If b = 9 Then XS9S

'以上代码显示十位数的数码

End Sub

（4）测试运行程序。按F5测试运行程序，在文本框中分别输入1、23、45、67、89、100，观察显示的数码，如图2-27所示。

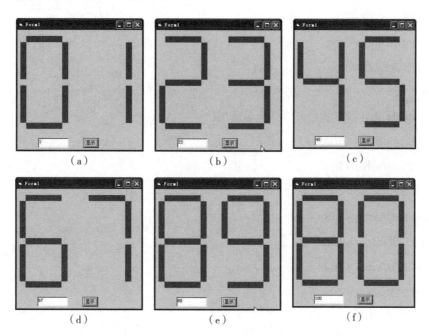

图 2-27　二位数码管测试结果

（5）保存工程和窗体文件。

步骤 3　改造数字记分台实现二位数码管的记分

复制任务文件夹"2-2"到"2-3-3"，打开工程"2-2-1.vbp"，把工程文件另存为"2-3-3.vbp"，窗体文件另存为"2-3-3.frm"。

（1）调整界面，把显示分数的标签改成二位数码管如图2-28所示。

红方记分用的数码管组成标签的命名参考图2-26，在每个标签后加H，代表红方标签。

蓝方记分用的数码管组成标签的命名参考图2-26，在每个标签后加L，代表蓝方标签。

把标签统一设计成蓝色背景时，可以通过用鼠标框选标签，再统一设置背景颜色属性值。

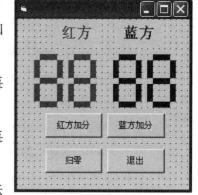

图 2-28　数码管记分台界面

（2）添加红方数码管的显示过程。从步骤2的窗体代码中复制20个过程XS0~XS9、XS0S~XS9S的代码，粘贴到当前窗体的代码窗口的通用段中，分别把过程命名为

XS0H~XS9H、XS0SH ~ XS9SH，调整过程中的标签名称。

```vb
Private Sub XS0H()    '显示红方分值个位数的0
    Label1H.Visible = True
    Label2H.Visible = True
    Label3H.Visible = True
    Label4H.Visible = False
    Label5H.Visible = True
    Label6H.Visible = True
    Label7H.Visible = True
End Sub
Private Sub XS0SH()    '显示红方分值十位数的0
    Label1SH.Visible = True
    Label2SH.Visible = True
    Label3SH.Visible = True
    Label4SH.Visible = False
    Label5SH.Visible = True
    Label6SH.Visible = True
    Label7SH.Visible = True
End Sub
```

其他过程参考XS0H和XS0SH调整。

（3）添加蓝方数码管的显示过程。从步骤2的窗体代码中复制20个过程XS0~XS9、XS0S~XS9S的代码，粘贴到当前窗体的代码窗口的通用段中，分别把过程命名为XS0L~XS9L、XS0SL~XS9SL，调整过程中的标签名称。

```vb
Private Sub XS0L()    '显示蓝方分值个位数的0
    Label1L.Visible = True
    Label2L.Visible = True
    Label3L.Visible = True
    Label4L.Visible = False
    Label5L.Visible = True
    Label6L.Visible = True
    Label7L.Visible = True
End Sub
Private Sub XS0SL()    '显示蓝方分值十位数的0
    Label1SL.Visible = True
    Label2SL.Visible = True
```

```
        Label3SL.Visible = True

        Label4SL.Visible = False

        Label5SL.Visible = True

        Label6SL.Visible = True

        Label7SL.Visible = True

    End Sub
```

其他过程参考XS0L和XS0SL调整。

显示数码管的过程共有20个，代码的调整需要耐心仔细。

（4）调整红方加分单击事件代码。

```
Private Sub cmdHFJF_Click()

    HFFS = HFFS + 1              '累加红方分数，每次加1分

    'lblHFFS.Caption = HFFS      '原来显示红方新分数的语句，已注释

    Dim a, b

    a = HFFS Mod 10             '取个位数

    b = HFFS \ 10              '取十位数

    If a = 0 Then XS0H

    If a = 1 Then XS1H

    If a = 2 Then XS2H

    If a = 3 Then XS3H

    If a = 4 Then XS4H

    If a = 5 Then XS5H

    If a = 6 Then XS6H

    If a = 7 Then XS7H

    If a = 8 Then XS8H

    If a = 9 Then XS9H

    '以上代码显示个位数的数码

    If b = 0 Then XS0SH

    If b = 1 Then XS1SH

    If b = 2 Then XS2SH

    If b = 3 Then XS3SH

    If b = 4 Then XS4SH

    If b = 5 Then XS5SH

    If b = 6 Then XS6SH

    If b = 7 Then XS7SH

    If b = 8 Then XS8SH
```

```
            If b = 9 Then XS9SH
            '以上代码显示十位数的数码
            If HFFS >= 11 Then                    '判断红方分数是否到达11分
                MsgBox ("红方胜！")                '如果到达11分，则显示"红方胜！"
            End If
    End Sub
```

（5）调整蓝方加分单击事件代码。

```
    Private Sub cmdLFJF_Click()
            LFFS = LFFS + 1                       '累加蓝方分数，每次加1分
            'lblLFFS.Caption = LFFS               '原来显示蓝方新分数的语句，已注释
            Dim a, b
            a = LFFS Mod 10                        '取个位数
            b = LFFS \ 10                          '取十位数
            If a = 0 Then XS0L
            If a = 1 Then XS1L
            If a = 2 Then XS2L
            If a = 3 Then XS3L
            If a = 4 Then XS4L
            If a = 5 Then XS5L
            If a = 6 Then XS6L
            If a = 7 Then XS7L
            If a = 8 Then XS8L
            If a = 9 Then XS9L
            '以上代码显示个位数的数码
            If b = 0 Then XS0SL
            If b = 1 Then XS1SL
            If b = 2 Then XS2SL
            If b = 3 Then XS3SL
            If b = 4 Then XS4SL
            If b = 5 Then XS5SL
            If b = 6 Then XS6SL
            If b = 7 Then XS7SL
            If b = 8 Then XS8SL
            If b = 9 Then XS9SL
            '以上代码显示十位数的数码
```

```
        If LFFS >= 11 Then              '判断蓝方分数是否到达11分
            MsgBox ("蓝方胜！")          '如果到达11分，则显示"蓝方胜！"
        End If
    End Sub
```

（6）测试运用程序，保存窗体文件和工程文件。

讨论 1
如何得到一个三位数的百位、十位、个位数的值？

讨论 2
为什么在显示二位数码管的显示过程中，可以去除"Form1.Refresh"和"Sleep 1000"两个语句，如果不去除，程序能否正常执行？

练习 1　图 2-27（f）中，输入 100，显示结果为什么是 80，试分析代码，找出产生此结果的原因，并修改代码解决这一问题。

提示：调整取十位数的代码。当输入的数是百位数时，程序中取十位数的代码其实取得的数包含了百位数，再取这个数的余数才是输入数的十位数。

练习 2　在步骤 2 中显示二位数码管的过程中共用了 10 个 If 语句来实现个位上数值 a 的显示，也用了 10 个 If 语句来实现十位上数值 b 的显示。写一个带参数的过程，传入一个数字，显示相应的数值的数码管，方便程序的调用，这样显得更加简洁，调用程序如下所示。

```
        Private Sub Command1_Click()
            Dim n, a, b
            n = Val(Me.Text1.Text)      '获取输入的数值
            a = n Mod 10                '取个位数
            b = n \ 10                  '取十位数
        Call XS0(a)                     '过程代码显示个位数的数码
        Call XS1(b)                     '过程代码显示十位数的数码
        End Sub
```

甚至调用程序可以进一步简洁，形如：

```
        Private Sub Command1_Click()
            Dim n
            n = Val(Me.Text1.Text)      '获取输入的数值
```

```
        Call XS(n)    '过程代码显示对应的二位数码管，具体数值分离在过程中去完成
        End Sub
```

提示：用带参数的过程。

定义格式：

```
    Private Sub  过程名（参数1，参数2，…）
        代码
    End Sub
```

所谓的参数，简单地说，就是变量，像普通变量一样，过程体内可以使用它，但是这个特殊变量（参数）的值由调用过程传入。

调用格式：Call 过程名（参数1,…参数2,…）

例如过程XS0，显示个位上的数值对应的数码管，代码段结构如下：

```
    Private Sub XS0(number As Integer)
        …
        If number=0 Then
            '显示数码0的7行代码
        End If
        If number=1 Then
            '显示数码1的7行代码
        End if
            …
        If number=9 Then
            '显示数码9的7行代码
        End If
    End  Sub
```

（1）在步骤2的程序基础上，编写一个能显示三位数的数码管程序。

（2）改造练习2中的函数XS0(n)，在练习2中采用把代码段集中的形式编写了一个显示个位上数值的数码管的函数，但代码总行数仍旧过于冗长。下面通过逻辑运算符来重新构造函数XS0(n)。

观察图2-27两位数码管测试结果，分析比较数值0~9与数码管标签显示与否的关系，如表2-11所示。

表 2-11　数码管的显示逻辑分析表

数值	Label1	Label2	Label3	Label4	Label5	Label6	Label7
0	可见	可见	可见		可见	可见	可见
1	可见				可见		
2	可见	可见		可见		可见	可见
3	可见	可见		可见	可见	可见	
4	可见		可见	可见	可见		
5		可见	可见	可见	可见	可见	
6		可见	可见	可见	可见	可见	可见
7	可见	可见			可见		
8	可见	可见	可见	可见	可见	可见	可见
9	可见	可见	可见	可见	可见	可见	

可以发现，Label1在数值不是5和6时可见，Label7在数值为0、2、6、8时可见。这样，利用这个逻辑表达式，可以比较简洁地实现显示个位数数码管显示的过程。这样显示个位数的函数XS0(n)只要7行语句就可以实现功能，结果如下。

```
Private XS0 (n as integer)
    Label1.Visible=NOT (n=5 OR n=6)
    Label2.Visible=NOT (n=1 OR n=4)
    Label3.Visible=NOT (n>=1 and n<=3 OR n=7)
    Label4.Visible=NOT (n=0 OR n=1 OR n=7)
    Label5.Visible=n<>2
    Label6.Visible=NOT (n=1 OR n=4 OR n=7)
    Label7.Visible= (n=0 OR n=2 OR n=6 OR n=8)
End Sub
```

提示：逻辑运算符NOT、AND、OR

① NOT为逻辑非运算符：如果变量值为True，则"NOT 变量值"的结果为Flase。

② AND为逻辑与运算符：变量1和变量2之中只要有一个值是False，则"变量1 AND 变量2"的结果为False，或者说，只有当变量1和变量2的值均为True时，"变量1 AND 变量2"的结果才为True。

③ OR为逻辑或运算符：变量1和变量2之中只要有一个值是True，则"变量1 OR 变量2"的结果为True，或者说，只有当变量1和变量2的值均为Flase时，"变量1 OR 变量2"的结果才为False。

逻辑运算的结果如表2-12所示。

表 2-12　逻辑运算示例

变量	值	NOT 变量	变量 1 AND 变量 2	变量 1 OR 变量 2
变量1	True	False	True	True
变量2	True	False		
变量1	True	False	False	True
变量2	False	True		
变量1	False	True	False	True
变量2	True	False		
变量1	False	True	False	False
变量2	False	True		

（3）改造步骤3数码管记分台中显示数码的40个过程，根据前面提供的思路简化为4个带参数的显示过程，把显示红方个位数的过程统一成XSH(n)，显示红方十位数的过程统一成XSSH(n)，把显示蓝方个位数的过程统一成XSL(n)，显示蓝方十位数的过程统一成XSSL(n)。这样调整后，"加分"按钮的事件代码也可以变得简洁明了。

任务 2.4　制作七彩霓虹灯

本任务主要通过七彩霓虹灯的例子，学习用For语句来编写循环结构程序。

1. 循环结构

循环结构是程序中最基本的一种代码组合结构，它可以模拟现实生活中的"循环"过程。自然界中也有各种各样循环，如水的循环、大气的循环等，还有地球环绕太阳转、月球环绕地球转的过程，这些循环是无始无终的循环。生活中也有一些有次数的循环，如老和尚让小和尚下山担水，把水缸装满的过程就是一个有限次数的循环过程。老和尚让小和尚担5趟水装到水缸里的过程，老师让学生在操场上跑3圈的过程，就是一个指定了循环次数的过程。图2-29给出了小和尚担水的过程，左侧的过程是小和尚把水缸装满后，担水过程结束，右侧则是挑5次后担水过程结束。

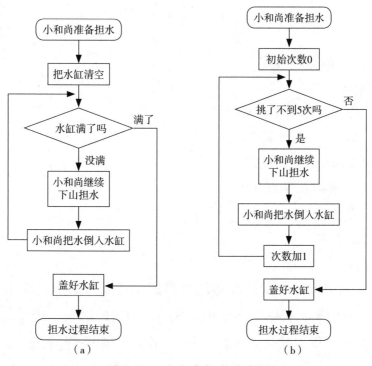

图 2-29 小和尚担水的过程

2. For...Next 循环

For...Next循环语句是最经典的循环结构语句，它通过循环计数变量来控制循环的执行次数，每执行一次循环，该变量就会增加或减少指定的值，直到该变量达到循环结束的条件，结束循环。For循环语句的流程如图2-30所示，其语法格式如下：

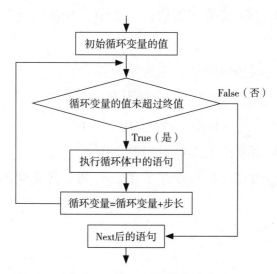

图 2-30 For 循环语句流程

For 循环变量=<初值> to <终值> [step <步长值>]

[语句块]

[Exit For]

[语句块]

Next 循环变量

例：小和尚担5次水的循环描述

Dim s,t as integer

s=0   '用变量s表示水缸中的水量

t=0   '用变量t表示水桶的水量

For i=1 to 5 step 1   '下山担水

t=10   '装满水桶，回到山上

s=s+t   '把担的水倒入水缸

t=0   '水桶空了

Next

该语句执行时，先将循环变量设为初值。测试循环变量的值是否未超过终值，若未超过，则执行循环体中的语句，否则循环结束，执行Next后的语句。步长是每循环一次循环变量变化的数值，它可正可负，默认值为1。循环一次后，循环变量加上步长的值，接着返回到循环开始，重复循环过程。如果在循环体内加上判定结构与Exit For结合可以提前退出循环，这种情况在现实生活中也存在，比如小和尚碰到挑水中途下雨了，或者碰到水缸装满了等情况可以提前结束挑水过程。

说明：

（1）循环变量必须为数值型，初值、终值与步长均为数值表达式，但其值不一定是整数，也可以是实数，VB会自动取整。

（2）步长为正，初值应小于或等于终值；若为负，初值应大于或等于终值；步长缺省的值为1。

（3）语句块可以是一句或多句语句，称为循环体。

（4）Exit For 表示当遇到该语句时，退出循环体；执行Next的下一句。

（5）循环次数 = int（（终值 – 初值）/步长+1）。

（6）退出循环后，循环变量的值保持退出时的值。

（7）不要在循环体内修改循环计数变量的值，否则会造成循环次数的不准确，而且程序调试也会变得非常困难。

3. For 循环分析

下面静态分析一下小和尚担5次水的过程，如表2-13所示。

循环体中的语句t=10和t=0主要是为了模拟装水、倒水过程，事实上在计算机执行赋值语

句时原来的变量值不会消失，所以在执行s=s+t模拟把水桶的水倒入水缸后，执行t=0模拟水桶空了。

表 2-13 For/Next 循环语句的静态分析

循环次数	第 i 次循环前		第 i 次循环后	
	循环变量 i 的值	水缸中的水 s	循环变量 i 的值	水缸中的水 s
1	1	0	2	10
2	2	10	3	20
3	3	20	4	30
4	4	30	5	40
5	5	40	6	50
6	6 （大于5结束循环）			

1. 实施说明

设计一个具有霓虹灯雏形效果的程序。单击"开始"按钮，"霓虹灯"三个字能按顺序闪现出来后，再全部显示，如图2-31所示。

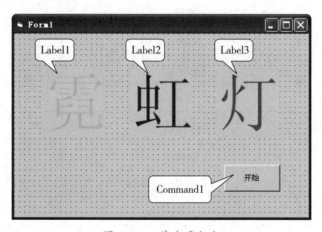

图 2-31 基本霓虹灯

在完成基本霓虹灯显示效果后，来实现能循环显示"霓虹灯"三个字的霓虹灯效果。若添加文本框来控制循环的次数，在文本框中输入次数，霓虹灯就重复显示几次，如图2-32所示。

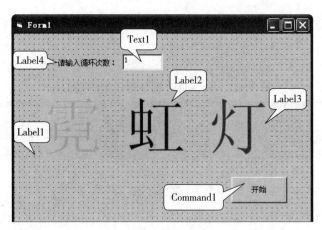

图 2-32　循环闪烁的霓虹灯

2. 实施步骤

步骤 1　创建基本霓虹灯

（1）设计应用程序界面。新建工程，在窗体绘制4个标签、1个文本框和1个按钮，并将对象调整至合适大小和位置，各控件名称和位置的属性值如表2-14所示。

表 2-14　霓虹灯窗体的各对象属性

对　　象	属 性 名 称	属 性 值
标签1	Name	Label1
	Caption	霓
	Font、forecolor	72、绿色
	AutoSize	True
标签2	Name	Label2
	Caption	红
	Font、forecolor	72、蓝色
	AutoSize	True
标签3	Name	Label3
	Caption	灯
	Font、forecolor	72、红色
	AutoSize	True
标签4	Name	Label4
	Caption	请输入循环次数：
	AutoSize	True

续表

对　象	属 性 名 称	属 性 值
文本框	Name	Text1
	Text	空
按钮	Name	Command1
	Caption	开始

（2）在窗体的代码窗体中添加代码。

Private Declare Sub Sleep Lib "Kernel32" (ByVal dwMilliseconds As Long)

该语句为了调用Sleep函数。

```
Private Sub Command1_Click()          '用顺序结构显示基本的霓虹灯
    Label1.Visible = True             '显示霓虹灯中的第1个字
    Label2.Visible = False
    Label3.Visible = False
    Form1.Refresh
    Sleep 500


    Label1.Visible = False
    Label2.Visible = True             '显示霓虹灯中的第2个字
    Label3.Visible = False
    Form1.Refresh
    Sleep 500


    Label1.Visible = False
    Label2.Visible = False
    Label3.Visible = True             '显示霓虹灯中的第3个字
    Form1.Refresh
    Sleep 500


    Label1.Visible = True             '显示霓虹灯中的3个字
    Label2.Visible = True
    Label3.Visible = True
    Form1.Refresh
    Sleep 500
End Sub
```

（3）测试程序。按F5测试程序，单击"开始"按钮，程序会依次显示霓虹灯三个字，最后全部显示。

将窗体文件保存为"2-4-1.frm"，将工程文件保存为"2-4-1.vbp"。

步骤 2 添加霓虹灯的重复显示功能

（1）调整Command1_Click时间过程。

```
Private Sub Command1_Click()
    Dim n As Integer
    n = val(Text1.Text)    '获取循环的次数
    For i = 1 To n         '同步骤1中Command1_Click事件的全部代码，参见步骤1
    Next i
End Sub
```

（2）测试程序。按F5测试程序，在文本框中输入5，单击"开始"按钮，程序会重复"依次显示霓虹灯三个字，最后全部显示"的过程5次。

将窗体文件另存为"2-4-2.frm"，将工程文件另存为"2-4-4.vbp"。

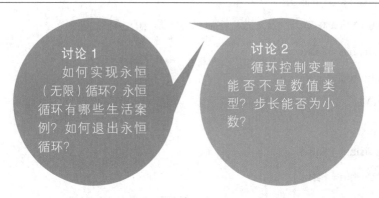

讨论 1
如何实现永恒（无限）循环？永恒循环有哪些生活案例？如何退出永恒循环？

讨论 2
循环控制变量能否不是数值类型？步长能否为小数？

练习 1 修改循环显示霓虹灯的过程，用另一文本框显示第几次循环。

练习 2 修改循环显示霓虹灯的过程，实现每循环 5 次，提醒确认是否退出循环。

练习 3 折纸问题 1。一张纸的厚度为 0.00007 m（70 um），假设可以无限对折，问对折 10 次后的高度是多少？

提示：练习3可利用标准的For-Next语句编写。在窗体中添加1个文本框用于输入对折次数，添加1个标签用于显示高度，添加1个按钮，单击它时根据文本框中的对折次数计算高度，把高度显示在标签中。

练习 4 小和尚担水问题 1。庙里的大水缸可蓄水 8 m³，小和尚的水桶一次可担水 0.314 m³。假设原先水缸里已经没水，问小和尚下山挑 4 次后，水缸的水有多少，是否能达到 1/3 缸？

提示：在窗体上添加一个按钮和标签，单击按钮计算挑水结果，显示在标签中。

练习5　模拟红绿灯交通信号灯，主干道亮绿灯30 s、红灯15 s，次干道亮绿灯15 s、红灯30 s。

提示：在窗体中用4个标签模拟十字路口的4盏交通信号灯。

（1）用过程改造循环显示霓虹灯。把显示霓虹灯的一次经过改为一个过程 NHD()，这样"开始"按钮中的代码可以简化如下：

```
For i=1 to n
    Call NHD
Next i
```

（2）小和尚担水问题2。庙里的大水缸可蓄水8 m³，小和尚的水桶一次可担水0.314 m³。假设原先水缸里有水0.5 m³，问小和尚下山挑多少次，水缸的水才能装满？最后一担水装满水缸后，水桶里还留多少水？

提示：在窗体上添加一个按钮和标签，单击按钮计算挑水结果，把次数和水桶余水量显示在标签中。

（3）用当型循环和直到型循环求解循环次数不确定的问题。

① 折纸问题2。一张纸的厚度为0.00007 m(70 um)，假设可以无限对折，问对折几次后高度可以达到100 m以上。

② 阿凡提的智慧。阿凡提来到印度，向印度国王挑战下国际象棋。国王说：我们打个赌，你要是能赢了我，要什么我都可以给你。阿凡提说：我赢你的话，只要你在国际象棋的棋盘格子里，第一格放一粒米，第二格放2粒米，以后的每个格子里都放前一个格子里米粒的2倍，我就满足了。国际象棋棋盘共有64格，你作为国王的谋士，替国王分析一下，能否答应阿凡提的这个要求。

　当型循环和直到型循环

　　循环有两大类，一类是确定循环次数的，通常用For语句来实现，另一类是没有确定循环次数的，但给出了循环结束条件，通常用Do语句来实现。但在本质上，For语句和Do语句都可以实现二类循环。

小和尚担水问题1，确定了挑水次数，适合用For循环去模拟求解。而小和尚担水问题2，不能确定循环次数，但给出了水缸装满结束挑水过程的条件，因此用For循环模拟挑水。

过程可以用类语言描述如下：

```
For i=1 to 1 Step 0    '永恒循环
    If 水缸还没满 Then
        继续挑水、装水
    End If
Next
```

或

```
For i=1 to 1 Step 0    '永恒循环
    继续挑水、装水
    If 水缸满了 Then  Exit For
Next
```

第一种循环描述可以理解为，当水缸还没满时继续挑水。第二种循环描述可以理解为，挑水直到水缸满为止。因此第一种循环方式称"当型循环"，第二种循环方式称"直到型循环"。直到型循环至少会执行1次循环，而当型循环可能1次都不执行。

用For语句实现第二类循环比较繁琐，因此VB提供了Do语句来比较好地实现第二类循环，Do...Loop语句提供了两种格式分别实现"当型循环"和"直到型循环"。

格式1：

```
Do  [While|Until] <条件>     '先判断条件，后执行循环体
循环体
Loop
```

格式2：

```
Do     '先执行循环体，后判断条件
循环体
Loop  [While|Until] <条件>
```

这样小和尚挑水的类语言描述，可以简洁地用Do语句来描述。

```
Do  While    水缸还没满
    继续挑水、装水
Loop
```

或

```
Do  Until    水缸满
    继续挑水、装水
Loop
```

或

```
Do
    继续挑水、装水
Loop While    水缸还未满
```

或

　　　　Do

　　　　　　继续挑水、装水

　　　　Loop Until 水缸满

　　分析思考 While 与 Until 的差异。

　　（4）增强的七彩霓虹灯。实现每一次循环时，霓虹灯在每个字闪烁过程中，发生5种颜色的变化，即第1次显示洋红、黄、绿、蓝、红，第2次显示黄、绿、蓝、红、洋红，以此类推，第6次和第1次同。设计界面如图2-33所示。

　　提示：用Mod函数判断采用颜色。

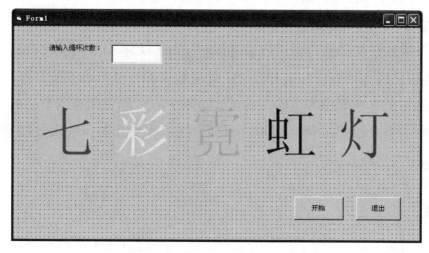

图 2-33　循环闪烁的多彩霓虹灯

　　（5）逼近法求正数的平方根。程序最早的应用场合是在数值运算和处理，请用数值逼近法求解 $\sqrt{N}$，精确到小数点后4位。

　　界面要求：在文本框中输入数值，单击"开根号"按钮，在标签中显示根号值或出错提示（如输入的是负数）。

　　提示：用循环来逼近，让 x 从足够小的数（如1）循环变化到足够大的数（比如 N），x 的值每次循环增加0.0001，每次循环判断 x 的平方（x 与 x 相乘）与 N 的差的绝对值是否小于0.0001，如果小于，则结束循环，x 即为 $\sqrt{N}$ 的平方根。

　　（6）生活中的循环。日复一日，年复一年，生动地展现了生活中的循环，请描述模拟一个生活中的循环案例。

任务 2.5　制作电子储物柜

　　超市的储物柜不需要人工管理，自动存放东西很方便，又不会出错，本任务模拟一个超市储物的过程来学习数组、随机函数、Print语句的使用。

1. 数组

（1）为什么要引入数组？某学校高一有5个班级，如果要表示每个班级的学生数，可以定义5个变量gy1、gy2、gy3、gy4、gy5来分别表示。如果要表示高三（4）班56位学生的总分成绩，也可以定义56个变量s1、s2、s3、…、s56来表示。

如果想求得高一总的学生数，可以通过形如xs=gy1+gy2+gy3+gy4+gy5来实现，如果想求得高三（4）班学生的平均分或许仍可以通过语句pjf=(s1+s2+s3+…+s56)/56的语句来实现，显然求平均分的语句已经比较冗长，这种存储、处理数据的方法极不方便且存在潜在问题。

假如高三（4）班这次期中考试的试卷批改过程中有一题将所有的学生的答卷都改错了，每个学生可以加5分，那么该如何来模拟这个加分过程呢？当然，仍旧可以通过56个语句依次给每个学生加5分。如：

```
s1=s1+5

s2=s2+5

…

s56=s56+5
```

显然这种方法非常繁琐。如果要给整个年级的学生（2012人）都加5分，需要定义2012个变量，用2012个语句来实现加分吗？还有碰到学生数目不确定的情况下，需要给学生加分，那就彻底不能用简单变量来存储、处理这些数据了。

因此程序设计语言中提供了数组这种变量类型，来存储具有相似特征的数据，结合循环语句可以方便地处理、加工这些数据。假如高三（4）班的期中成绩用数组s来表示，56位学生的成绩则用s(1)、s(2)、s(3)、…、s(56)来表示，这样56个变量具有相同的名字s，不同之处只是下标的值不同而已。这里的下标有点类似于班内的学号，如数组元素s(8)，表示高三（4）班8号同学的期中成绩。

从而给每个学生加5分的处理过程，可以用循环语句描述如下：

```
For i=1 to 56

    s(i)=s(i)+5

Next
```

同理，给2012个学生加5分，也只要把循环的终值修改为2012即可。

（2）数组定义。数组必须先定义后使用，数组有两种定义格式。

格式1：Dim 数组名(下标开始 To 下标结束) As 类型

例1：Dim　s(1 To 56) As Integer

定义了一个名为s的数组，此数组下标从1～56，即有56个数组元素，它们依次分别是：s(1)、s(2)、s(3)、…、s(55)、a(56)，这56个数组元素都为整型，都能存放整型数据。

格式2：Dim数组名（下标结束）As 类型

说明：如果省略了下标开始，默认从0开始

例2：Dim s(56) As Integer

定义一个了名为s的数组，数组下标为0~56，数组元素个数为57个，它们依次分别是：s(0)、s(1)、s(2)、…、s(55)、s(56)，这57个数组元素都为整型，都能存放整型数据。

（3）数组使用。数组元素与简单变量在本质上是一样的，因此数组也可以看做是n个简单变量的集合，数组中n个简单变量的表示方法就是"数组名(下标)"。给数组元素赋值的格式为：

数组名(下标)=值

例3: s(8)=590

可以理解为把数值590存到数组s的下标为8的数组元素中，即给数组元素s(8)赋值590，在实际生活中的含义可以理解为高三（4）班8号同学的成绩为590分。

例4: s(8)=s(8)+5

可以理解为数组元素s(8)的值在原来的基础上加上5，在实际生活中的含义可以理解为将高三（4）班8号同学的成绩加5分。

2. InputBox 函数

在程序运行过程中有时需要用户输入数据，程序再根据输入的数据来决定语句的执行。在前面的任务中如用窗体中的文本框来接收数据，决定循环的执行次数。有时候，需要比较简便地临时要求用户输入一个数据，就可以利用InputBox函数来实现。

格式：InputBox(提示文字[,标题，默认值])

说明：InputBox函数，产生一个输入对话框，其中提示文字必须要有，后面两个参数可以省略。该函数返回一个字符型的值。

例5：strJCWP=InputBox("请输入寄存物品的名称", "寄存物品")，执行此语句会弹出一个对话框，如图2-34所示。

图 2-34 "寄存物品"对话框

输入的字符串会存储到变量strJCWP中。

3. 随机产生一个正整数

生活中到处充满着随机现象，比如彩票中奖号码，早上醒来听到的第一个声音，一枚硬币抛上去落下来后的正反面状态，还有小和尚担水回来路上洒出的水的量等。

为了模拟现实生活中的随机现象，VB提供了一个自带的内部函数Rnd，用于产生0~1之间的正小数（大于等于0，小于1）。

格式：Rnd（[参数]）

返回：0~1之间的一个随机正小数。

Rnd函数执行前，通常先要执行一个Randomize语句，以保证产生不同的随机数序列。

例6：i=Rnd() 或 i=Rnd

执行的结果，无法预测。

如果想产生区间[m,n]之间的随机整数，则可以采用表达式 "int((n−m+1)*Rnd)+m"。

例7：产生[2,10]之间的随机整数的表达式为 "int(Rnd*9)+2"。

4. Print 语句

Print语句是传统的BASIC语句里的经典输出语句，尽管在VB语言中Print语句不再作为常用的屏幕输出语句来使用，取而代之的是把结果输出至标签、文本框、列表框等可视对象中。但是Print语句比较简洁，在测试、调试程序时比较方便。

Print语句输出时可以采用标准打印格式和紧凑打印格式两种。标准格式打印采用逗号 "," 分隔要打印的值，紧凑打印格式用 ";" 分号来分隔要打印的值。

用Print语句输出时，把屏幕以字符为单位分成若干列，列1、15、29、43、57、61、…为标准打印位置（列），标准打印位置直接间隔14列，如图2-35所示示意了85列。

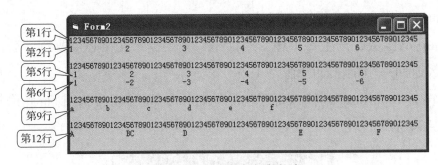

图 2-35 Print 语句打印格式

第2行用Print "1", "2", "3", "4", "5", "6"输出，因为用逗号分隔，用标准格式打印，即逗号 "," 后的值在下一标准位置输出。

第5行用Print 1, 2, 3, 4, 5, 6输出，与第2行类似，视觉效果上比第2行向右移了一列，其实是因为数值前面有符号位，正号没有打印出来之故，第6行中用语句Print −1,−2,−3,−4,−5,−6输出可以看出符号位。

第9行用Print Tab(1); "a"; Tab(10); "b"; Tab(20); "c"; Tab(30); "d"; Tab(40); "e"; Tab(50); "f"输出，用了Tab(n)函数指定在第n列输出。

第12行用Print "A", "B"; "C", "D"; Tab, "E"; Tab(76); "F"输出，"B"、"C"用";"分号分隔用紧凑格式接连打印，"D"和"E"之间隔了2个标准位置，因为如果Tab函数没有参数，其效果和逗号","相同。

1．实施说明

这是一个超市电子储物柜的模拟程序，如图2-36所示，有顾客需要寄存物品时，单击一下"存物"按钮(C1)，程序显示一个空柜号，以及一个随机生成的密码(C2)，然后自动打开柜子，顾客输入要寄存的物品名称(C3)，完成物品寄存，关闭柜子(C4)。顾客取物品时，单击"取物"按钮(Q1)，输入密码(Q2)，程序查找该密码对应的柜号(Q3)，如果找到，显示存储的物品名称(Q4-1)，顾客单击"确定"按钮表示取物完成，关闭柜子，否则提示密码错误信息(Q4-2)。单击"查看柜子状态"按钮，在窗体中打印出每个柜子的状态。

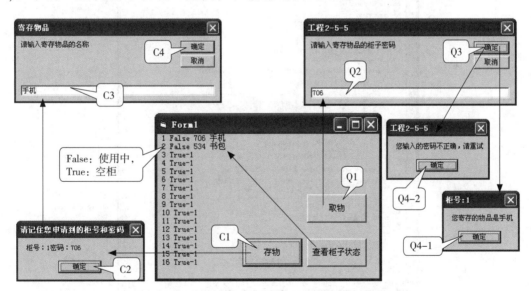

图 2-36　储物柜操作示意

2．实施步骤

步骤 1　设计应用程序界面

新建工程，新建窗体，在窗体中绘制3个命令按钮，如图2-36所示，并按表2-15所示设置属性。

表 2-15 储物柜界面属性

对　象	属 性 名 称	属 性 值
命令按钮1	Name	CommandCW
	Caption	存物
命令按钮2	Name	CommandQW
	Caption	取物
命令按钮3	Name	CommandCKGZZT
	Caption	查看柜子状态

步骤 2　编写代码

（1）如图2-37所示，在代码窗体的通用段中，定义三个数组gzzt、gznr、gzmm分别来存储柜子是否可用、柜子里的物品名称、柜子的密码。

Dim gzzt(1 To 16) As Boolean　　'柜子是否可用，True表示空柜，False表示被占用

Dim gznr(1 To 16) As String　　'模拟存放柜子里寄存物品的名称

Dim gzmm(1 To 16) As Integer　　'存放柜子的密码

图 2-37　储物柜的代码窗体

（2）Form_Load事件。用循环语句初始化数组元素的值，模拟清空16个柜子，等待顾客寄存。

```
Private Sub Form_Load()
    Dim i
    For i = 1 To 16
```

```
                gzzt(i) = True              '初始为柜子都可用
                gznr(i) = ""               '初始为柜子里都是空的
                gzmm(i) = −1               '−1表示无效的密码
        Next
    End Sub
```

（3）存物按钮的CommandCW_Click事件。

```
    Private Sub CommandCW_Click()
        Dim i As Integer              '循环控制变量
        For i = 1 To 16
            If gzzt(i) = True Then Exit For    '找到一个空的可用的柜子，结束循环
        Next
        If i <= 16 Then               '表示找到空的可用柜子
            gzzt(i) = False           '把柜子i标记为已被占用
            gzmm(i) = Int(Rnd * 1000) + 1  '随机生成一个1~1000之间的数作为柜子密码
            MsgBox "柜号：" & i & "密码：" & gzmm(i), vbOKOnly, "请记住您申请到的柜号和密码"
            gznr(i) = InputBox("请输入寄存物品的名称", "寄存物品")
        Else   '表示未找到空的可用柜子，这是i的值为17
            MsgBox "没有空柜"
        End If
    End Sub
```

（4）取物按钮的CommandQW_Click事件。

```
    Private Sub CommandQW_Click()
        Dim mm As Integer             '临时存放顾客输入的柜子密码
        Dim i As Integer              '循环控制变量
        mm = Val(InputBox("请输入寄存物品的柜子密码"))
        For i = 1 To 16
            If gzmm(i) = mm Then Exit For  '找到与输入的密码匹配的柜子
        Next
        If i <= 16 Then    '找到与输入的密码匹配的柜子,打开柜子供顾客取物
            MsgBox  "您寄存的物品是" + gznr(i), vbOKOnly, "柜号:" & i
            gznr(i) = ""              '模拟柜子为空
            gzmm(i) = −1             '初始密码
            gzzt(i) = True           '柜子状态为可用
        Else
            MsgBox "您输入的密码不正确，请重试"
        End If
    End Sub
```

（5）查看柜子状态按钮的CommandCKGZZT_Click事件。

```
Private Sub CommandCKGZZT_Click()
    Cls    '清除屏幕上打印着的内容
    For i = 1 To 16
        Print i; gzzt(i); gzmm(i); gznr(i)    '紧凑格式打印柜子状态
    Next
End Sub
```

步骤 3　测试程序

按F5测试运行程序测试结果如图2-38所示。

（1）连续存物5次后，查看柜子状态。

（2）输入第2柜和第4柜的物品，查看柜子状态。

（3）存物1次，查看柜子状态。

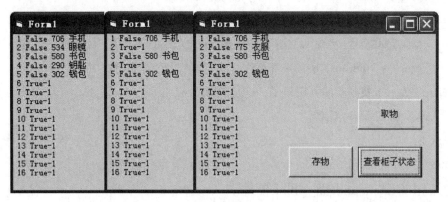

图 2-38　储物柜测试结果

保存窗体为"2-5-1.frm"，保存工程文件为工程"2-5-1.vbp"。

这一个储物柜程序只是模拟了寄存的过程，操作界面不够直观形象，在下一个任务的探究与合作中，将改进本程序，在界面上仿真自助的电子寄存柜。

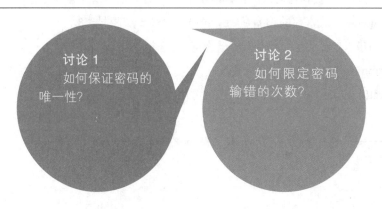

练习1　把查看柜子状态部分的代码修改成用标准格式打印。

练习2　查看柜子状态部分的代码封装成一个过程 ckgzzt()，在存物和取物的事件过程中调用，实现每一次存物和取物后显示柜子状态。

（1）小和尚担水问题3。

庙里的大水缸可蓄水8 m^3，小和尚的水桶一次可担水0.314 m^3，每次因各种情况在路上会洒出数量不等的水，洒出的水在10%～50%之间。假设原先水缸里已经没水，问小和尚下山挑几次后，水才能装满水缸，且哪趟洒出的水最多。

要求1：打印出趟次、洒出的水量，水缸中的水。

要求2：打印出洒出水最多的那一次的趟次及洒出水量。

提示：用Rnd函数模拟洒出的水。

（2）本任务中，如果遇到柜子的密码相同产生潜在的管理风险，张三可能取走李四的物品。试用3种方法避免这一风险。① 把语句gzmm(i) = Int(Rnd * 1000) + 1改为gzmm(i) = Int(Rnd * 1000) + 1+i*1000，这样第1个柜子的密码为1XXX，第2个的为2XXX，第16个的为16XXX，保证了密码的唯一性。② 在取物时，要求顾客同时输入柜子号和密码，这也是可行的方法。③ 检查密码是否有重复存在，用以下的二重循环来实现，外层循环为直到型循环，作用是循环直到生成一个不重复的密码，内层循环判断生成的密码mm是否在数组中重复存在。

```
Do
    mm= Int(Rnd * 1000) + 1
    For j=1 To 16
        If gzmm(j)=mm Then Exit For    '有重复的密码，退出循环，这时j<=16
    Next
Loop Until j>16    'j<=16表示用Exit For退出For，有重复密码，所以重新生成密码
gzmm(i)=mm    '把经检测不重复的密码作为柜子的密码
```

这段代码最理想的是封装成一个函数hqmm(),这样程序的可读性就会增强。

```
gzmm(i)=hqmm(100，999)
```

函数的定义与过程类似，不同之处在于函数通常要返回值，格式如下：

```
Function 函数名(参数列表) As 返回值的数据类型
    函数体的代码
    函数名=返回值
End Function
```

例：

```
Function hqmm(m As Integer,n As Integer) As Integer
        Dim mm,j As Integer
        Do
                mm= Int(Rnd * (n-m+1) + m
                For j=1 To 16
                        If gzmm(j)=mm Then Exit For    '有重复的密码，退出循环，这时j<=16
                Next
        Loop While j<=16    'j<=16表示用Exit For退出For，有重复密码，所以重新生成密码
        hqmm=mm    'mm作为函数的返回值
End Function
```

任务 2.6　制作颜色选择器

通过颜色选择器的设计，学习掌握控件数组的创建及应用，并初步学会多分支选择结构语句Select的使用。

1. 控件数组

（1）为什么要引入控件数组？当需要存储、处理大量具有共同特性的数据时，靠单个变量存储、处理已经无能为力，因此引入了数组。引入控件数组的需要与引入数组情况类似，也是为了方便使用同一种类型的控件。

如图2-39所示，观察右侧的代码窗体中标签的Click事件，不难看出单击标签Label1会把窗体的背景颜色设置为标签Label1的背景色（红色），单击标签2会把窗体的背景颜色设置为标签Label2的背景色（黄色）。

(a)　　　　　　　　　　　　(b)

图 2-39　双色颜色选择器

　　可以设想如果要能选择四种颜色，则只需要在窗体中再添加2个标签Label3、Label4，把它们的背景色设置成"蓝"和"绿"，然后添加它们的单击事件过程，和Label1和Label2的事件过程类同，实现把它们的背景色设置为窗体的背景色。

　　如果想实现能选择16种颜色，或许还能通过添加标签、修改背景色，添加标签的Click事件过程来实现这个功能，这时发现在代码窗体中有16个基本类同的事件过程。假如需要实现的功能变成单击标签把标签的背景色和窗体的背景色互换，这时只能依次修改16个事件过程，这种方法将变得繁琐。又如要实现单击标签，把标签的背景颜色（如红色）设置为隐藏标签按钮的背景颜色，单击隐藏标签按钮实现，隐藏该颜色（红色）的标签，此时不借助控件数组将变得很难实现这一功能。利用控件数组这些功能可以相对简便地实现。

　　（2）创建控件数组。控件数组是由具有相同名称和类型并且共用同一事件过程的一组控件构成的，它是一种特殊的数组。每个控件数组中可包含1~32 767个元素。每一个元素都有一个唯一的索引号，即控件属性窗口中的Index属性。

　　控件数组共用同一个事件过程，带来极大的便利，控件数组的事件过程中提供一个Index参数，通过Index属性确定发出该事件过程的是哪一个控件。

　　控件数组的创建有两种方法：

　　方法1：① 在窗体上创建第一个控件，并调整好控件的属性（Height、width、font等）。

　　② 选中这个控件，右击打开快捷菜单，选择"复制"命令（或直接按组合键Ctrl+C）。

　　③ 再在窗体的空白处右击打开快捷菜单，选择"粘贴"命令（或直接按组合键Ctrl+V），如图2-40所示。

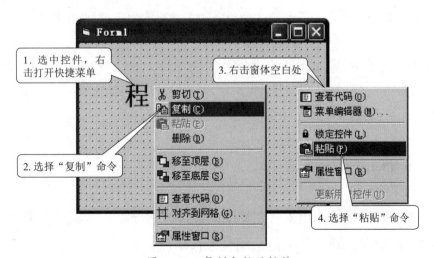

图 2-40　复制和粘贴控件

　　④ 在选择"粘贴"命令后，系统会弹出一个"是否创建控件数组"的消息框，单击"是"按钮，即可创建一个控件数组，如图2-41所示，控件数组名称默认根据第1个标签的名

称为"Label1"，在属性窗口的选择栏中可以看到第1个标签表示为"Label1(0)"，第二个标签为"Label1(1)"，而两个标签的Name属性均为"Label1"。

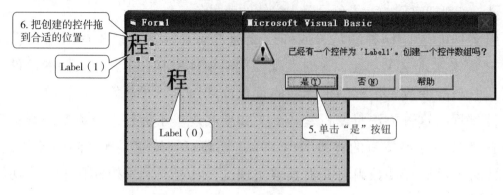

图 2-41　创建控件数组

⑤ 重复粘贴操作，创建控件数组的多个元素。

用这种方法创建的控件数组除了Index和TabIndex属性，其他属性都与第一个控件相同。

方法2：对于已在窗体中的多个同类控件，可直接将控件改成同一名称即可。这样创建的控件数组除了名称一样其余属性都保留各自创建时的属性。

（3）控件数组的使用。控件数组的使用和数组的使用类同，控件数组中的元素与独立的控件使用上没有差别。如Label(1)表示了一个控件数组Label1中下标（索引号）Index为1的元素，那么语句Label1(1).Caption="红色"，则表示把该标签的文字设置为"红色"，Label1(1). Visible=False则把该标签隐藏。

控件数组可以像数组那样结合循环来进行操作。比如把控件数组的Caption属性统一设置成空白，代码如下：

```
For i=0 to 15
    Label1(i).Caption=""   '把标签控件数组Label1的所有元素的标题设置为空
Next
```

又如查找控件数组的Caption属性为"红色"的控件元素，代码如下：

```
For i=0 to 15
    If Label1(i).Caption="红色"   Then Print "Label1标题为红色"
Next
```

2. Frame 框架

VB中提供一种特殊的控件，用来将窗体上的控件进行分组，这就是框架（Frame）。

将控件放置在框架内，则这些控件会随框架移动而移动。

当在框架中创建标签控件数组时，如图2-40在粘贴控件时应该右击框架，再选择"粘贴"命令，这样粘贴的控件才会置于框架之中，否则置于窗体中。

3. 多分支选择结构

多分支选择结构又称选择结构，也是一种基本语句结构，如图2-42所示。多分支选择结构语句的功能可以用If/Elseif语句来代替实现，但If/Elseif语句在处理多分支时会显得冗长，用多分支选择结构可以使代码保持较好的可读性。

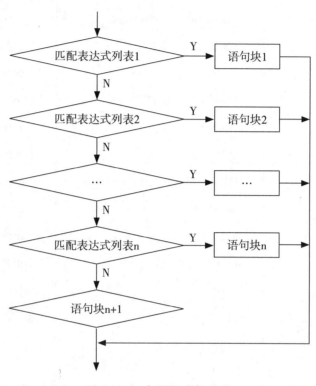

图 2-42　多分支选择结构

多分支选择结构在VB中用Select语句来实现。格式如下：

```
Select Case 待测试表达式
    Case 表达式列表1
语句块1
    Case 表达式列表2
语句块2
    …
    Case 表达式列表n
语句块n
    [case else
语句块 n+1]
    End Select
```

例如，考试成绩的分段统计。用变量a、b、c、d、e、q分别表示大于等于90、80~89、70~79、60~69、60以下的人以及缺考人数，某一同学的成绩为x，则用多分支语句和If语句实现判断该分数所属分数段，对应的变量累加1的参考代码如下。

（1）	（2）	（3）·

Select Case x
 	
Case Is>=90
　　a=a+1
Case 80 To 89
　　b=b+1
　Case 70 To 79
　　c=c+1
　Case 60 To 69
　　d=d+1
　Case 0
　　q=q+1
Case Else
　　e=e+1
　End Select
	If x>=90 Then
	　a=a+1
	End If
	If 80<=x And x<=89 Then
	　b=b+1
	End If
	If 70<=x And x<=79 Then
	　c=c+1
	End If
	If 60<=x And x<=69 Then
	　d=d+1
	End If
	If x=0 Then
	　q=q+1
	Else
	　e=e+1
	End If
		If x>=90 Then
		　a=a+1
		Elseif 80<=x And x<=89 Then
		　b=b+1
		Elseif 70<=x And x<=79 Then
		　c=c+1
		Elseif 60<=x Andx<=69 Then
		　d=d+1
		Elseif x=0 Then
		　q=q+1
		Else
		　e=e+1
		End If

　　使用多分支选择结构的关键在于选择合适的变量或表达式，表达式的表示方法有以下几种：

　　（1）可以取一个或多个具体值，多个值之间用逗号分隔，如：Case 85，90，100。

　　（2）表示取值范围，如：Case 84 To 100。

　　（3）变量表示，如：Case FS。

　　（4）Is关系运算符表达式，如Case Is>=85。

　　（5）综合多种表达式，如 Case 84，Is>=100。

1.　实施说明

　　设计一个颜色选择器，要求通过用户选择来更改标签中字体的颜色，如图2-43所示。通过本任务掌握控件数组的操作。

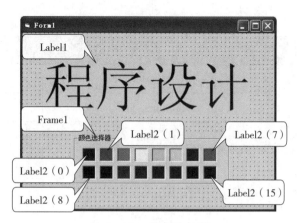

图 2-43　颜色选择器

2. 实施步骤

步骤 1　设计界面

新建工程，添加窗体，在窗体中添加控件，如图2-44所示。

（1）添加标签Label1。

（2）添加框架Frame1。

（3）选中Frame1，在框架中添加标签Label2。

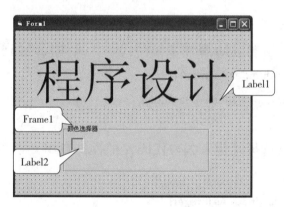

图 2-44　颜色选择器界面设计

按表2-16所示，设置控件属性。

表 2-16　颜色选择器属性设置

对　　象	属 性 名 称	属 性 值
标签1	Name	Label1
	Caption	程序设计
	Font	宋体，72
框架	Name	Frame1
	Caption	颜色选择器

对　象	属 性 名 称	属 性 值
标签2	Name	Label2
	BorderStyle	1–fixed single
	Caption	空
	Height	375
	Width	375

步骤 2　创建控件数组

（1）选中标签Label2，右击打开快捷菜单，选择"复制"命令。

（2）选中框架Frame1，右击打开快捷菜单，选择"粘贴"命令。

（3）弹出"是否创建控件数组"的消息框，单击"是"按钮，此时标签位置在框架中。

（4）将复制出来的标签框移动到框架中的相应位置。

（5）重复第（2）、（3）、（4）步，共创建16个标签框。

（6）更改16个label2控件的背景颜色（BackStyle），效果如图2-43所示。

步骤 3　编写代码

依次尝试用方法一和方法二实现程序功能。

方法1：直接用控件数组的Index属性来编写代码，具体代码如下：

```
Private Sub Label2_Click(Index As Integer)

    Label1.ForeColor = Label2(Index).BackColor

End Sub
```

方法2：尝试用多分支选择结构来编写代码，把控件数组元素当做普通的独立控件使用，具体代码如下：

```
Private Sub Label2_Click(Index As Integer)
Select Case Index    '根据控件的Index属性区分单击的控件元素
    Case 0
        Label1.ForeColor = Label2(0).BackColor
        '单击Label2(0)控件，使Label1的字体颜色设置成Label2(0)的颜色
    Case 1
        Label1.ForeColor = Label2(1).BackColor
    Case 2
        Label1.ForeColor = Label2(2).BackColor
    Case 3
        Label1.ForeColor = Label2(3).BackColor
    Case 4
        Label1.ForeColor = Label2(4).BackColor
```

```
Case 5
        Label1.ForeColor = Label2(5).BackColor
Case 6
        Label1.ForeColor = Label2(6).BackColor
Case 7
        Label1.ForeColor = Label2(7).BackColor
Case 8
        Label1.ForeColor = Label2(8).BackColor
Case 9
        Label1.ForeColor = Label2(9).BackColor
Case 10
        Label1.ForeColor = Label2(10).BackColor
Case 11
        Label1.ForeColor = Label2(11).BackColor
Case 12
        Label1.ForeColor = Label2(12).BackColor
Case 13
        Label1.ForeColor = Label2(13).BackColor
Case 14
        Label1.ForeColor = Label2(14).BackColor
Case 15
        Label1.ForeColor = Label2(15).BackColor
    End Select
End Sub
```

步骤 4 调试和保存工程

将工程文件保存为"2-6-1.vbp",将窗体文件保存为"2-6-1.frm"。

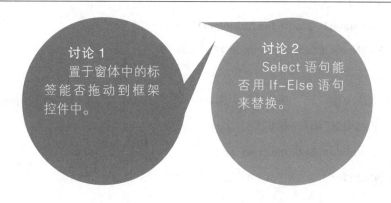

讨论 1
置于窗体中的标签能否拖动到框架控件中。

讨论 2
Select 语句能否用 If-Else 语句来替换。

练习1 修改项目文件"2-6-1.vbp"中的窗体文件"2-6-1.frm",要求制作两组颜色选择器,一组用来控制字体颜色,另一组用来控制背景颜色。并将项目保存为"2-6-2.vbp",将窗体保存为"2-6-2.frm"。界面设计如图 2-45 所示。

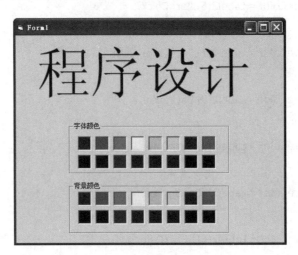

图 2-45 颜色选择器改进(1)

练习2 在"2-6-1.vbp"工程的基础上进行修改,添加字体选择器,要求单击相应的按钮,会使标签框上的文字显示相应的字体,如图 2-46 所示。

图 2-46 颜色选择器改进(2)

提示:建立字体按钮控件数组Command1,并调整每个元素的标题和字体。控件按钮数组的Click事件过程如下:

Private Sub Command1_Click(Index As Integer)

  Label1.FontName = Command1(Index).Caption

End Sub

这种方法的前提是字体按钮的标题名称是字体名称,当字体按钮的标题名称不是字体名称时,需要用分支或多分支语句来实现,结构如下。

Private Sub Command1_Click(Index As Integer)

  Select Case Index

```
        Case 0
            Label1.FontName ="宋体"
        Case 1
            Label1.FontName ="楷体_GB2312"
        Case 2
            Label1.FontName ="隶书"
        Case 3
            Label1.FontName ="华文行楷"
    End Select
End Sub
```

（1）利用控件数组改造任务2.5中的电子储物柜。

设计图2-47所示的界面，保留"存物"按钮，新增含16个元素的标签控件数组，代表16个柜子，在窗体装入时，初始化16个柜子的编号。默认的颜色表示柜子可用，红色背景时，表示柜子已使用。

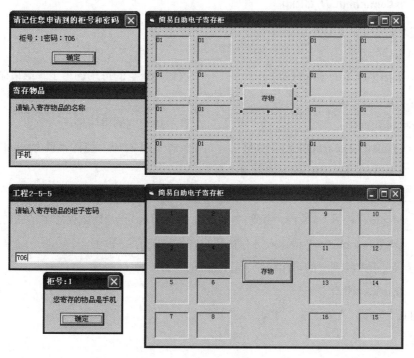

图 2-47　电子储物柜改进

单击"存物"按钮，提示分配到的柜子编号及柜子密码。顾客输入寄存物品，然后将标签背景设置为红色。

取物时，单击对应的标签，输入密码，提示物品，把标签背景设置为窗体的背景色，完成取物。

参考代码：

```vb
Dim gzzt(1 To 16) As Boolean          '柜子是否可用，True表示可用，False表示不可用
Dim gznr(1 To 16) As String           '存放柜子里寄存物品的名称
Dim gzmm(1 To 16) As Integer          '存放柜子的密码
Private Sub Form_Load()
    Dim I As Integer
    For i = 1 To 16
        gzzt(i) = True                '初始为柜子都可用
        gznr(i) = ""                  '初始为柜子里都是空的
        gzmm(i) = -1                  '-1表示无密码
    Next
    For i = 0 To 15                    '控件数组的下标从0开始
        Label1(i).Caption = i+1       '用标题作为柜号
        Label1(i).Alignment = 2       '设置标题居中对齐
    Next
End Sub
Private Sub CommandCW_Click()
    Dim i As Integer    '循环控制变量
    For i = 1 To 16
        If gzzt(i) = True Then Exit For        '找到一个空的可用的柜子，结束循环
    Next
    If i <= 16 Then                    '表示找到空的可用柜子
        Label1(i - 1).BackColor = vbRed        '第i个柜子对应的控件元素为Label1(i-1)
        gzzt(i) = False    '柜子已被占用
        gzmm(i) = Int(Rnd * 1000) + 1          '随机生成一个1~1 000之间的数作为柜子密码
        MsgBox "柜号：" & i & "密码：" & gzmm(i), vbOKOnly, "请记住您申请到的柜号和密码"
        gznr(i) = InputBox("请输入寄存物品的名称", "寄存物品")
    Else    '表示未找到空的可用柜子，这时i的值为17
        MsgBox "没有空柜"
    End If
End Sub
Private Sub Label1_Click(Index As Integer)
    Dim mm As Integer                  '临时存放顾客输入的柜子密码
    Dim i As Integer                   '循环控制变量
```

```
mm = Val(InputBox("请输入寄存物品的柜子密码"))

If mm = gzmm(Index + 1) Then        '找到与输入的密码匹配的柜子,打开柜子供顾客取物

    MsgBox "您寄存的物品是" + gznr(Index + 1), vbOKOnly, "柜号:" & (Index + 1)

    gznr(Index + 1) = ""            '模拟柜子为空

    gzmm(Index + 1) = -1            '初始密码

    gzzt(Index+1)=True              '柜子状态为可用

    Label1(Index).BackColor = Form1.BackColor    '第i个柜子对应的控件元素为i-1

Else

    MsgBox "您输入的密码不正确，请重试"

End If

End Sub
```

思考1：这种取物方式与任务2.5中单击"取物"按钮取物的方式的异同。

思考2：这种方式取物方式是否还需要避免密码重复的问题。

思考3：代码中存放柜子状态的数组下标从1开始，而表示柜子的标签数组下标则是从0开始，因此在代码中二者的数组下标需要转换，即柜子i对应的标签元素为Label1(i–1)，状态信息存放在数组gzzt(i)中。这造成了一定的不便，能否让数组的下标也从0开始，这样和标签数组的下标就能保持一致！

（2）动态添加控件，生成颜色选择器。

VB中的控件通常在设计时静态添加，也可以在程序运行时动态创建。在本任务中颜色选择器只用了16色，如果想实现256种的颜色选择也比较繁琐，需要添加256个控件，调整它们的位置。用控件数组元素的动态添加，可以比较方便地实现256色，甚至更多种颜色的选择器，如图2–48所示。

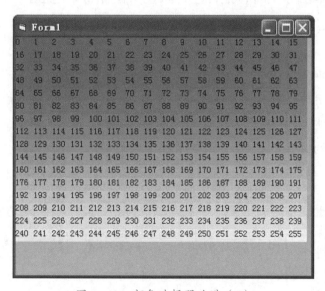

图 2–48　颜色选择器改进（3）

① 新建一个工程文件，添加一个窗体，在窗体中添加一个标签Label1，把此标签的
Index改为0，这样创建了一个控件数组Label1。

② 添加控件数组事件过程。

```
Private Sub Label1_Click(Index As Integer)
    Form1.BackColor = Label1(Index).BackColor    '把窗体背景色设置为标签背景色
End Sub
```

③ 给控件数组添加元素及布局调整控件。

```
Private Sub Form_Load()
    Dim i As Integer
    For i = 1 To 255
        Load Label1(i%)'给控件数组中新添加255个标签
    Next
    Label1(0).Top = 0
      For i = 0 To 255'把256个标签排列成16*16的阵列
        Label1(i).Caption = i
        Label1(i).Left = (i Mod 16) * Label1(0).Width
        Label1(i).Top = (i \ 16) * Label1(0).Height
        Label1(i).Visible = True
        Label1(i).BackColor = RGB(255, (i \ 16) * 16, (i Mod 16) * 16)
    Next
    Exit Sub
End Sub
```

思考1：怎样实现单击标签时，把标签背景色与窗体背景色互换。

提示：修改控件数组的单击事件，通过临时变量来实现背景色的互换。

```
Dim t
t = Form1.BackColor
Form1.BackColor = Label1(Index).BackColor
Label1(Index).BackColor = t
```

思考2：怎样把排列标签的代码用二重循环来实现。

任务 2.7　挑战正话反说

本任务通过编写正话反说的游戏软件，学习VB中常用函数的应用，例如：字符串函
数、数值函数、数组函数等。

1. Len 函数与 Mid 函数

　　计算机最早应用于数值计算，后来逐步应用到文字处理、图像处理、音频处理等领域。在文字处理领域最基本的技术是字符串处理，如Word中的查找与替换命令，在网页中搜索某一个词组等都要用到字符串处理技术。Len和Mid是两个最常用最基本的字符串函数，在申请QQ号码，如图2-49所示，设置密码时有提示"6~16个字符，不可以为9位以下纯数字"，程序如何来判断用户输入的密码符合要求呢？这就需要能获取密码串的长度，判断是否为6~16位之间，以及是否为小于9位的纯数字，在计算机中可以用Len函数来获取字符串长度，用Mid函数可以逐一取出字符，判断是否为纯数字。

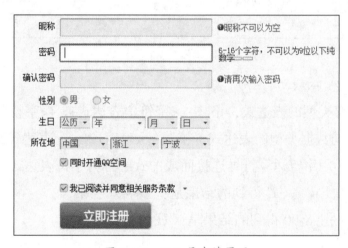

图 2-49　QQ 号申请界面

　　（1）字符串长度函数Len()。

　　格式：Len(X$)

　　功能：求字符串的个数。

　　（2）求子串函数Mid()。

　　格式：Mid(x$,m,n)，其中x$表示字符串，m表示起始位置，n表示字符的个数。

　　功能：要从字符串中第m位开始连续取n个字符。

　　例：x$="我喜欢编写VB程序"，Len(x$)返回值是9，Mid(x$,4,2)返回值为"编写"。

2. 字符运算符号与字符表达式

　　在数值运算中有加减乘除等基本运算符，在字符处理中也有专门的运算符。在网上申请E-mail账号时，有时会遇到想申请的账号已被其他人使用，这时系统往往会提示推荐的用户名。如图2-50所示，输入的用户为"easychina"，系统提示"该用户名已存在，改用其他用户名"，建议改为"easychina966"，这个建议可用的名称是程序把用户输入的字符串"easychina"和"966"进行了连接。

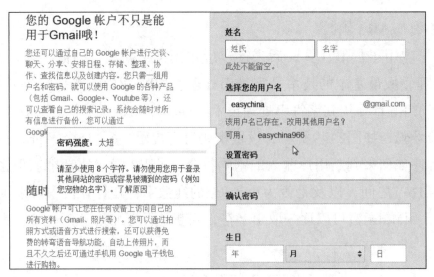

图 2-50 申请 Gmail 的界面

（1）字符运算符号：+ 或&。

"+"连接两个字符类型的表达式，格式：<字符串表达式1> +<字符串表达式2>。

"&"用于连接不同数据类型的表达式，格式：<表达式1>&<表达式2>。

（2）字符表达式：用字符运算符号连接而成的式子称为字符表达式。

例: 表达式 "我喜欢" + "看书" 得到的结果是："我喜欢看书"。

表达式 "我的分数是" & 90 得到的结果是："我的分数是90"。

3. 顺序连接与反向连接的区别

观察分析左右两段代码运行的差异。

x$="1我2喜3欢4看5书"	x$="1我2喜3欢4看5书"
S$=""	S$=""
For i=1 to 10	For i=10 to 1 step -1
A$= Mid(x$,i,1)	A$= Mid(x$,i,1)
Print A$	Print A$
Next i	Next i
运行结果：1我2喜3欢4看5书	运行结果：书5看4欢3喜2我1

如果用字符连接的赋值语句"S$=S$ +A$"，来代替语句"Print A$;"则左侧

运行的结果S$变为："1我2喜3欢4看5书"，右侧运行的结果S$变为："书5看4欢3喜2我1"。

如果用字符连接的赋值语句"S$=A$+S$"，来代替语句"Print　A$;"，请分析运行结果。

1. 实施说明

正话反说的限时攻关游戏，要求主持人说一遍，例如："新年好"，挑战者要在单位时间内（如5 s，时间可以调整）立刻说出"好年新"，说错者即被淘汰。从3个字开始挑战，第2轮4个字，第3轮5个字，以此类推。

最后看说挑战的字数最多者获胜。

本任务编写一个小程序，来迎接正话反说的挑战，如图2-51所示，不管输入多长的正话，单击"开始"按钮，程序瞬间显示出反话。

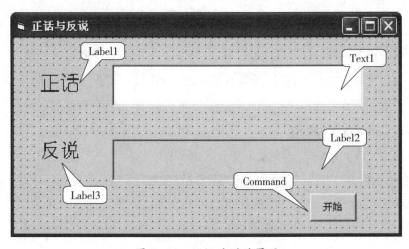

图 2-51　正话反说的界面

2. 实施步骤

步骤1　设计界面

启动VB软件，新建工程文件，添加窗体，如图2-51所示设计界面，添加三个标签Label1、Label2、Label3，一个文本框Text1，一个命令按钮Command1。按表2-17所示设计控件属性。

表 2-17 正话反说界面的控件属性

对　象	属　性　名　称	属　性　值
标签1	Name	Label1
	Caption	正话
标签2	Name	Label2
	Caption	反说
标签3	Name	Label3
	Caption	空白
	BorderStyle	1
文本框	Name	Text1
	Text	空白
命令按钮	Name	Command1
	Caption	开始
窗体	Name	Form1
	Caption	正话与反说

步骤 2　添加事件代码

打开代码窗口，在对象下拉框中选择"Command1"，在事件下拉框中选择"Click"，添加如下代码：

```
Private Sub Command1_Click()
    Dim x$, a$, s$, n%, i%        '变量定义
    x = Text1.Text                '将文本框内容存放x变量
    n = Len(x)                    '求x的长度
    s=""                          's初值为空
    For i = n To 1 Step -1        '循环n次
        a = Mid(x, i, 1)          '每一次取一个字符
        s = s + a                 '字符连接
    Next i
    Label3.Caption = s            '将连接结果存放标签3
End Sub
```

步骤 3　运行测试程序

在文本框中输入任何原话，如输入"画上荷花和尚画"，得到的结果如图2-52所示。保存工程为"2-7-1.vbp"，保存窗体为"2-7-1.frm"。

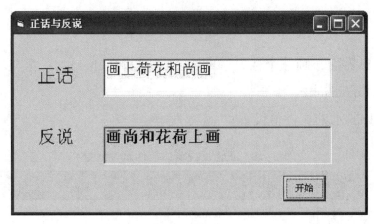

图 2-52　正话反说演示效果

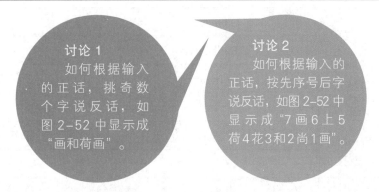

讨论 1
如何根据输入的正话，挑奇数个字说反话，如图 2-52 中显示成"画和荷画"。

讨论 2
如何根据输入的正话，按先序号后字说反话，如图 2-52 中显示成"7 画 6 上 5 荷 4 花 3 和 2 尚 1 画"。

练习 1　如果将文本框与标签对调一下，即正话用标签显示，要求学生在文本框输入反着说。

设计如图2-53所示界面，要求单击"开始"按钮，在标签3显示正话，当文本框输入时，正话隐藏，单击"挑战"按钮时，验证反说结果是否正确。

图 2-53　挑战正话反说界面

提示：

（1）设计图2-53界面，画三个标签Label1、Label2、Label3，一个文本框Text1，二个命令按钮Command1、Command2。

（2）完成表2-18所示的属性值设置。

表 2-18　正话反说窗体控件属性设置

对　象	属 性 名 称	属 性 值
标签1	Name	Label1
	Caption	正话
标签2	Name	Label2
	Caption	反说
标签3	Name	Label3
	Caption	空
	BorderStyle	
文本框	Name	Text1
	Text	空
命令按钮1	Name	Command1
	Caption	开始
命令按钮2	Name	Command2
	Caption	验证
窗体	Name	Form1
	Caption	正话反说

（3）打开代码窗口，添加Command1的Click事件过程。

```
Private Sub Command1_Click()
    Label2.Visible = True
    Label2.Caption = "上海自来水来自海上"
    text1.SetFocus
End Sub
```

（4）添加Text1的SetFocus事件过程。

文本框的SetFocus事件在文本框获得输入焦点时触发，通常由鼠标单击或按Tab键把光盘移动到文本框内进行输入修改时触发。

```
Private Sub text1_ SetFocus ()
        Label2.Visible = False
End Sub
```

（5）添加Command2的Click事件过程。

```
Private Sub Command2_Click()
        Dim s As String, lblen As Integer
        lblen = Len(Label2.Caption)
        For i = nTo 1  step -1
            a = Mid(Label2.Caption, i, 1)
            s = s +a
        Next i
        If text1.Text = s Then
            MsgBox "太棒了！"
                    End
        Else
            MsgBox "继续努力！"
            text1.Text = ""
        End If
End Sub
```

（6）运行、调试并保存程序。

练习2　编写一个程序，实现判断一个字符串是否为回文字符串（正序和倒序结果一致的字符串）的功能，如图 2-54 所示。

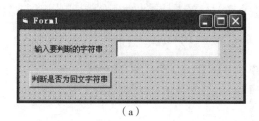
（a）

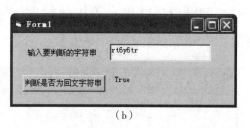
（b）

图 2-54　回文字符串判断程序

练习3　给本任务中的程序添加一个功能，实现如图 2-52 中如果输入的串是回文串，则单击"开始"按钮时，提示"运气不错，谢谢给了个回文串！"。

练习4　从文本框 1 输入任一正整数 N，在文本框 2 显示一个字符串。字符串的每一位对应 N 的每位数加 1，如果 N 上的某一位是 0，则字符串对应位是 1，如果 N 上某一位是 9，则字符串对应位是 A，例如，输入"12986"，则输出"23A97"，如图 2-55 所示。

图 2-55　数字转换程序

（1）挑战自己的记忆做5个测验题，将练习1的界面设计为图2-56所示。

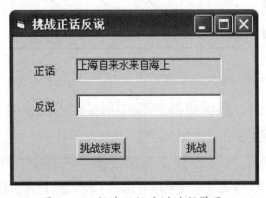

图 2-56　挑战正话反说改进

　　要求：单击"第1题"按钮，在标签2显示原话，当文本框输入时，原话隐藏，单击"挑战"按钮时，判断反说结果是否正确并且将命令按钮1的标题改为"第2题"，以此类推，如图2-57所示。直到5道题做完后得出最后分数，如图2-58所示。

图 2-57　挑战正话反说过程界面　　　　图 2-58　成绩单界面

　　提示：用一数组存储要显示的题目，可以用Array()函数对数组元素赋初值。

Array()函数的使用格式：

Array(表达式表)，其中表达式表是多个表达式，用逗号间隔，表达式可以是数值、字符串等。

使用Array()函数对数组赋初值前，必须先将变量名（数组名）定义为Variant类型。

例如：

```
Option Base 1
Dim a As Variant
a=Array("1","12","123")
```

等价于

```
Dim a(1 to 3) As String
a(1)="1"
a(2)="12"
a(3)="123"
```

参考代码：

```
Option Base 1    '数组下标从1开始
Dim sTM As String, iTH As Integer, iDF As Integer    'sTM存储题目、iTH存储题号、iDF存储得分
Dim aDY As Variant    '存放5个短语
Private Sub Form_Load()
    iTH = 1    '初始化题号和存放短语的数组
    aDY = Array("我看书", "我喝牛奶", "咚咚口伤红眼泪", "累太是但，玩好", "上海自来水来自海上")
End Sub
Private Sub Command1_Click()
    Text1.Text = ""
    Label2.Visible = True
    If Command1.Caption = "挑战结束" Then
        MsgBox "你的成绩是：" & iDF
        End
    Else
        Label2.Caption = aDY(iTH)
    End If
End Sub
Private Sub Command2_Click()
    Dim s As String, i    's为存储反话的临时变量
    sTM = Label2.Caption
```

```
For i = 1 To Len(sTM)
    b = Mid(sTM, i, 1)
    s = b + s
Next i
If Text1.Text = s Then
    iDF = iDF + 20
    MsgBox "太棒了！"
Else
    MsgBox "继续努力！"
End If
iTH = iTH + 1    '挑战后题号加1
If iTH > 5 Then
    Command1.Caption = "挑战结束"    '把题号按钮的标题改为"挑战结束"
Else
    Command1.Caption = "第" & iTH & "题"
End If
End Sub
Private Sub Text1_GotFocus()
    Label2.Visible = False    '隐藏正话标签
End Sub
```

（2）随机挑战反说。要求：

① 实现对探究与合作1中的5个测验题内容随机（包括字的个数及内容）抽题，如图2-59所示，输入5，则随机抽取5个题目。

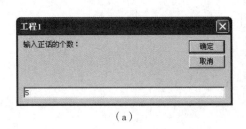 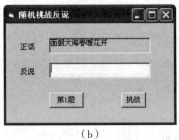

（a）　　　　　　　　　　　　（b）

图 2-59　随机挑战反说

② 实现题目个数也通过InputBox函数输入确定。

（3）VB常用函数的使用与功能。

① VB常用函数如表2-19所示。

② 设计如图2-60所示界面，实现字符替换操作。

提示：Instr函数的应用。

表 2-19　VB 常用函数

类型	函 数 名 称	功能及使用
数学函数	绝对值函数Abs(x)	返回x的绝对值
	平方根函数Sqr(x)	返回x的正平方根（x>=0）
	取整函数Int(x)	返回不大于x的最大整数 Int(7.8)=7，Int(-7.8)=-8
	截取函数Fix(x)	将小数部分截取，返回x的整数部分
	随机函数Rnd(x)	产生一个[0，1)区间的随机数，一般使用Rnd函数时，参数x往往省略。Rnd使用前通常先使用Randomize语句，使每次运行时随机数不再重复
	符号函数Sgn(x)	$Sng(x)=\begin{cases}1 & (x>0)\\0 & (x=0)\\-1 & (x<0)\end{cases}$
字符串函数	Len(x$)	返回字符串x$的长度
	左子串函数Left(x$, n)	从字符串x$中截取左边n个字符
	右子串函数Right(x$,n)	从字符串x$中截取右边n个字符
	中子串函数Mid(x$,m,n)	从字符串x$中截取第m个字符开始的n个字符
	删除空格函数Trim(x$)	删除字符串经x$两边的空格字符
	字符串查找函数Instr(x$,y$)	x$为基字符串，y$为搜索字符串，若找到，返回基字符串的首位置，否则返回值为0
转换函数	Val(x$)	将字符串转换成数值型数据
	Str(x)	将数值x转换成相应的字符
	Asc（X$）	将字符串的首字符转换成对应的ASCII码，如Asc（"A"）=65
	Chr(x)	将ASCII码的值转换成相应的字符，如Chr(97)="a"

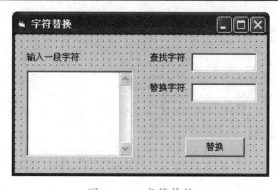

图 2-60　字符替换

③ 设计程序，判断输入的密码是否满足"6~16个字符，不可以为9位以下纯数字"的条件。

练习与思考题

一、选择题

1. 决定标签控件的标题和文本框控件的显示文本的对齐方式是（　　　）。

    A．WordWrap属性　　　　B．AutoSize属性　　　C．Alignment属性　　　D．Style属性

2. 为了使标签背景透明，应把其BackStyle属性设置为（　　　）。

    A．0　　　　　　　　　　B．1　　　　　　　　C．True　　　　　　　D．False

3. 下列描述中正确的是（　　　）。

    A．标签既可用来输入文本又可用来输出文本

    B．文本框只能输出文本信息

    C．可以对标签中的文本进行编辑

    D．文本框既可用来输入文本又可用来输出文本

4. 下列关于变体类型的描述,其中正确的是（　　　）。

    A．变体是一种没有类型的数据

    B．变体为空值，就表示该变体的值为0

    C．一个变量没有定义就赋值,该变量即为变体类型

    D．变体是赋给变量某一种类型数据后,就不能再赋给它另一类型的数值

5. 表达式16/4–2^5*8/4 MOD 5\2的值为（　　　）。

    A．14　　　　　　　　　　B．4　　　　　　　　C．20　　　　　　　　D．2

6. 执行下列语句后显示结果为（　　　）。

```
Private Sub Command1_Click()
    Dim x As Integer
    If x Then  Print x Else Print x-1
End Sub
```

    A．1　　　　　　　　　　B．0　　　　　　　　C．–1　　　　　　　　D．不确定

7. 执行以下程序段后，S的值为（　　　）。

```
Dim S As Integer ,L As Integer
S=0
For L=10 To 19 Step 3
    S=S+1
Next L
```

    A．4　　　　　　　　　　B．5　　　　　　　　C．3　　　　　　　　D．6

8. 下列程序运行后的输出结果是（　　　）。

```
Dim x As Integer
    x=0
    Do While x<20
        x=x+1
        x=x*x
```

```
        Loop
        Print x
```
A. 1   B. 4   C. 5   D. 25

9. 定义数组Dim A%(-5 TO 5)，该数组实际包含的元素个数为（   ）。

A. 11   B. 10   C. 8   D. 12

10. 下列程序段的执行结果是（   ）。
```
    Option  Base 0
    Private  Sub Command1_Click()
        Dim  A As Variant
        A=Array("A","B","C","d","E","F","G")
        Print  A(1);A(3);A(5)
    End Sub
```
A. BdF   B. ABC   C. CdE   D. EFG

11. 表达式Sqr（9）+Abs（Fix（-9.47））的值为（   ）。

A. -1   B. 10   C. 19   D. 12

12. 随机产生[10，90]的整数表达式是（   ）。

A. Int(80*Rnd)+10   B. Int(81*Rnd)+10
C. Int(90*Rnd)+10   D. Int(10*Rnd)+90

13. 设A$= "12345678"，则表达式Val(Left(A$,4)+Mid(A$,4,2))的值为（   ）。

A. 123456   B. 123445   C. 8   D. 6

14. 下列程序段的输出结果是（   ）。
```
    X$="123"+"456"+"789"
    Print  Right(X$,7)
```
A. 123   B. 789   C. 1234567   D. 3456789

15. 下列程序运行后的输出结果是（   ）。
```
    A$="2012中等职业学校"
    B$="职业"
    L=Instr(A$,B$)
    Print   L+len(A$)
```
A. 0   B. 14   C. 17   D. 10

二、程序阅读与填空

```
1. Private Sub Form_Click()
    x = 5
    y = 9
    Call Sub1(x, y)
    Print x, y
    End Sub
    Public Sub Sub1(a, b)
    a = a + b
```

```
            b = a + b
    End Sub
```

程序运行后，单击窗体上结果为＿＿＿＿＿＿＿。

2. 以下程序的功能是：在命令按钮（名称为Command1）的事件过程中调用过程Fun，判断1个数是奇数还是偶数，要判断的数在文本框（名称为Text1）中输入。程序的运行情况如图2-61所示，请填空。

图 2-61 程序练习 2 界面

```
    Function fun(x As Long) As Boolean
        If x Mod 2 <> 0 Then
            fun = ＿＿＿＿＿＿
        Else
            fun = ＿＿＿＿＿＿
        End If
    End Function
    Private Sub Command1_Click()
        Dim num As Long
        num = Val(Text1.Text)
        p = IIf(fun(num),＿＿＿＿,＿＿＿＿)
        Print Str(num) & "是1个" & p
    End Sub
```

3. Option Base 1

```
    Sub subp(b() As Integer)
        For i = 1 To 3
            b(i) = 3 * i
        Next i
    End Sub
    Private Sub Command1_Click()
        Dim a(3) As Integer
        arr = Array(8, 4, 3)
        For i = 1 To 3
            a(i) = arr(i)
        Next i
        subp a()
        For i = 1 To 3
            Print a(i),
        Next i
    End Sub
```

运行结果为＿＿＿＿＿＿＿。

4. 窗体上画一个名称为Command1的命令按钮，阅读下列程序：

```
Sub  inc( a As Integer)
    Static x As Integer
    x=x+a
    Print x;
End  Sub
Private Sub  Command1_Click()
    inc 2
    inc 3
    inc 4
End Sub
```

程序运行后，第2次单击命令按钮时输出的结果为_____。

5. 在窗体画1个文本框和2个命令按钮，如图2-62所示。

图 2-62　程序练习 5 界面

（1）完成如表2-20所示属性的设置。

表 2-20　程序练习 5 属性设置

对象	属性	属性值	对象	属性	属性值
From1	Caption		Command1	Caption	
Text1	Text		Command2	Caption	

（2）运行后，单击"显示文本框"按钮，在窗体就显示，单击"隐藏文本框"按钮，在窗体上就隐藏。

相应的代码：

```
Private Sub Form_Load()
Text1.Visible = False
End Sub
Private Sub Command1_Click()
_____
End Sub
Private Sub Command2_Click()
_____
End Sub
```

三、编程题

1. 窗体上创建3个命令按钮，分别用图片来显示，再创建1个标签，界面如图2-63所示。

图 2-63 编程练习 1 界面

要求：单击红灯图片，窗体标题显示"红灯"并在标签上显示红色20字号，内容为"红灯表示一律车辆停止"；单击黄灯图片，窗体标题显示"黄灯"并在标签上显示黄色20字号，内容为"黄灯表示一律车辆准备停止"；单击绿灯图片，窗体标题显示"绿灯"并在标签上显示绿色20字号，内容为"绿灯表示一律车辆前进"。

2. 设计QQ登录界面，如图2-64所示。

图 2-64 编程练习 2 界面

（1）1个图像框、4个标签、2个文本框及3个命令按钮。要求：

① 运行时，"重填"按钮为无效，并且标签3和标签4隐藏。

② 当用户输入账号和密码（输入时密码显示为"*"），单击"登录"按钮时，在标签3和标签4显示用户的信息，并隐藏文本框及"重填"按钮有效，"登录"按钮无效。

③ 当单击"重填"按钮时，标签3和标签4隐藏，文本框显示并清空，"重填"按钮无效，"登录"按钮有效。

（2）对QQ登录界面账号和密码进行校验。2个标签、2个文本框、1个图像框、3个命令按钮。如初始密码是"123456"，当用户输入账号和密码时，单击"登录"按钮时，验证密码是否正确，若正确，显示消息框"登录成功"并结束程序；否则显示消息框"密码错误，请重填！"，并激活"重填"按钮，设置文本框Text2不能编辑；单击"重填"按钮，文本框Text2能编辑且清空。单击"退出"按钮，程序结束。

3. 创建新窗体名为"根据身高和体重判断胖瘦"，如图2-65所示。在此窗体上创建2个命令按钮"计算"和"退出"，创建4个标签"输入身高（cm）"、"输入体重（kg）"、"判断胖瘦程度"、Label4

和2个文本框Text1、Text2，文本框1和2输入身高H（cm）和体重W（kg），如果H–W的值大于等于110，则在标签4显示"你太瘦了！"；如果H–W的值小于等于100，则在标签4显示"你太胖了！"；如果H–W的值在100～–110之间，则在标签4显示"你的身材真好！"。

图 2-65　编程练习 3 界面

4．国际象棋起源于古代印度，有这样一个传说。国王要奖赏国际象棋的发明者，问他有什么要求。发明者说："请在棋盘的第1个格子放上1颗麦粒，在第2个格子里放上2颗麦粒，在第3个格子里放上4颗麦粒，在第4个格子里放上8颗麦粒，以此类推，每个格子里放的麦粒数都是前一个格子里放的麦粒的2倍，直到第64个格子。请给我足够的粮食来实现上述要求。"国王觉得这并不是难办的事，就欣然同意了他的要求。你认为国王有能力满足发明者的要求吗？（提示：$s=1+2^1+2^2+2^3+\cdots+2^{63}$）

5．试编写一个比赛评分程序。在窗体上建立一个名为Text1的文本框数组，然后画一个名为Text2的文本框和名为Command1的命令按钮。运行时在文本框数组中输入7个分数，单击"计算得分"命令按钮，则最后得分显示在Text2文本框中（去掉一个最高分和一个最低分后的平均分即为最后得分），如图2-66所示。

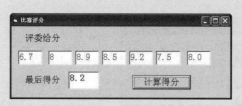

图 2-66　编程练习 5 界面

6．在文本框中输入一串数字字符串（如：78675656687873094409871230098），统计出各数字出现的次数。

7．产生20个[1，100]的随机数，挑选出其中的素数，运行界面如图2-67所示。

8．在窗体上画1个图片框，1个命令按钮控件组，名称分别为"黄灯"、"红灯"和"绿灯"，运行后，单击"红灯"按钮，在图片框上显示红灯图片，如图2-68所示。

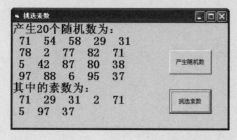

图 2-67　编程练习 7 界面

图 2-68　编程练习 8 界面

9. 创建字符统计程序的运行界面，其实现的功能是：能够以输入的一串字符分类统计其中的英文字母、空格、数字以及其他字符的个数，如图2-69所示。

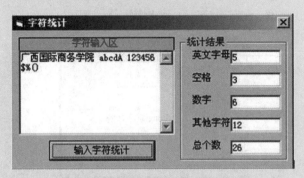

图 2-69　编程练习 9 界面

10. 用VB设计一个成绩统计程序。当窗体启动时，要求先输入需要统计的学生人数，输入时要有文字提示，如图2-70（a）所示，再输入各学生分数，如图2-70（b）所示，然后在设计的"统计学生成绩"窗口，单击"统计"按钮，统计出合格人数、不及格人数及平均分；单击"排序"按钮，在窗体上显示分数由高到低的排序，要求每行显示4个，如图2-70（c）所示，单击"退出"按钮，则结束程序运行。

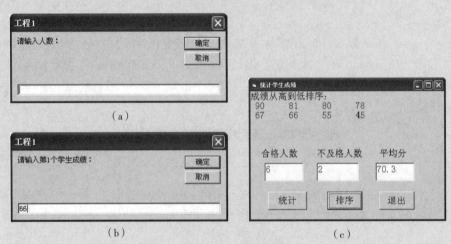

图 2-70　编程练习 10 界面

项目 3

VB 窗体和常用控件

在项目 1 的任务 1.2 已经编写了一个最简单的网页浏览器，本项目将在此基础上逐步完善这个浏览器的功能，在这个过程中来进一步掌握 VB 的窗体和控件的使用，学习文件的基本操作。内容编排如表 3-1 所示。

表 3-1　项目 3 内容编排

任　务	学 习 内 容
任务3.1　给浏览器添加访问控制按钮	• 命令按钮的属性和事件 • Web Browser控件的方法和事件
任务3.2　给浏览器添加错误处理	• Web Browser的Command State Change事件 • Web Browser的Before Navigate2事件 • Web Browser的New Window2事件 • 程序的错误与调试
任务3.3　让浏览器的地址栏智能化	• 文本框控件的属性和事件 • 列表框控件的属性和方法 • 组合列表框的使用
任务3.4　给浏览器添加收藏夹	• 窗体的属性、方法和事件 • 文本文件的读写操作
任务3.5　让浏览器窗口自动调整大小	• VB的坐标系统 • 控件的尺寸属性 • 窗体的Resize事件
任务3.6　给浏览器添加选项设置功能	• 复选框和单选按钮控件 • 滚动条控件 • 时间控件 • RGB颜色函数 • 变量的作用范围
任务3.7　给浏览器添加菜单栏	• 菜单编辑器 • 下列式菜单的使用 • 弹出式菜单的使用 • 代码逻辑优化
任务3.8　给浏览器添加工具栏和状态栏	• 状态栏控件 • 工具栏控件 • 图像列表控件 • 更改窗体的图标

任务 3.1 给浏览器添加访问控制按钮

本任务在任务1.2的基础上，通过给浏览器添加后退、前进、刷新、中止、主页等工具按钮来增强简易浏览器的功能，并进一步掌握命令按钮和网页浏览器部件的使用。

1. 命令按钮

前面编写的几个应用程序中都有命令按钮，单击按钮时执行该按钮的单击事件代码。并且按钮单击时看起来就像是被按下和松开一样，因此有时称其为下压按钮。

（1）按钮的布局。按钮添加到窗体后，可以通过选中该按钮，用鼠标拖动按钮周围的8个控制点来调整按钮的大小，也可通过设置按钮的 Height 和 Width 属性进行调整；可以直接拖动按钮到屏幕的某一位置，也可通过设置Top和Left属性进行精确设置。Top、Left、Height、Width是所有可视控件的基本属性，如图3-1所示。

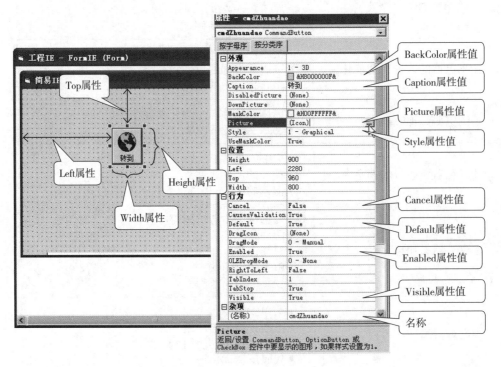

图 3-1 按钮的属性

（2）按钮的属性。属性可以按字母序或分类序2种方式查看，图3-1中按分类序查看，按钮的属性可以分外观、位置、行为、杂项和字体五类，按钮的常用属性有Caption、Style、Picture、Cancel、Default和Font。

Caption 属性：对应命令按钮上显示的文本。设计时，可在控件的"属性"窗口中设置此属性，Caption 属性最多包含 255 个字符。Caption属性可以在程序运行时，用代码进行修改。

Style属性：设置命令按钮的类型。取值0时，为普通命令按钮；取值1时为图像命令按钮，按钮上显示的图形由Picture属性设置。

Picture属性：单击"Picture"栏右侧的按钮▣，可打开"加载图片"对话框，选择在按钮上要显示的图片，图中选择了VB安装目录"D:\Program Files\Microsoft Visual Studio\Common\Graphics\Icons\Elements"下的图标文件"EARTH.ICO"。

按钮上显示图像的条件是，Style属性为1，且Picture属性设置了图像。增强命令按钮的视觉效果的另外2个属性是DisabledPicture和DownPicture。

Cancel 属性：此属性为True时将作为此窗体中缺省的取消按钮，这样不管窗体的当前控件焦点在何处，只要用户按 Esc 键，如同单击此取消按钮。

Default属性：此属性为True时将作为此窗体中缺省的命令按钮，这样不管窗体的当前控件焦点在何处（按钮类除外），只要用户按 Enter 键，如同单击此缺省按钮。为了指定一个缺省命令按钮，应将其 Default 属性设置为 True。

Font 属性：改变在命令按钮上显示的字体。

（3）按钮的事件。按钮能接收的事件主要有Click、MouseDown和MouseUp。

Click 事件：单击命令按钮时将触发按钮的 Click 事件并调用已写入 Click 事件过程中的代码。

单击命令按钮后也将生成 MouseDown 和 MouseUp 事件。如果要在这些相关事件中附加事件过程，则应确保操作不发生冲突。控件不同，这三个事件过程发生的顺序也不同。按钮控件中事件发生的顺序为：MouseDown、Click、MouseUp。

如果试图双击命令控件，则其中每次单击都将被分别处理；即按钮控件不支持双击事件，但可以通过代码来模拟双击事件。

2. 浏览器控件的常用方法

浏览器控件是非标准的VB控件，利用它可以实现简单的网页浏览。在任务1.2中，体验了生成一个简单的浏览器程序，可以简单回顾一下过程。

如图3-2所示，1、2两步由使用者操作，第3步的事件处理过程由程序自动处理，如何处理在设计此程序时确定，本例中比较简单，就是"告诉"控件"webBrowser1"的"Navigate2"方法，显示文本框"Text1"中输入的网址。可以看出VB程序由界面和代码二者组成，使用者利用界面向程序输入数据、发出操作指令，程序根据相应的操作指令执行相应的代码，把执行结果通过界面或其他形式呈现给用户。

浏览器的常用方法如表3-2所示，常用事件如表3-3所示。

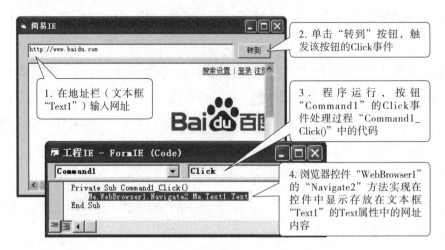

图 3-2　浏览器的执行过程

表 3-2　浏览器控件的几个常用方法

方法名	说　　明
Navigate2	连接到指定的URL，如Navigate2 "http://www.baidu.com"
GoBack	相当于IE的"后退"按钮，使用户在当前历史列表中后退一项
GoForward	相当于IE的"前进"按钮，使用户在当前历史列表中前进一项
GoHome	相当于IE的"主页"按钮，连接用户默认的主页
GoSearch	相当于IE的"搜索"按钮，连接用户默认的搜索页面
Refresh	刷新当前页面
Stop	相当于IE的"停止"按钮，停止当前页面及其内容的载入

表 3-3　浏览器控件的几个常用事件

事　件	说　　明
BeforeNavigate2	当网页打开前触发，刷新时不触发
CommandStateChange	当Back和Forward命令的可用状态改变时触发
DocumentComplete	当整个文档完成是触发，刷新页面不触发
NavigateComplete2	导航完成时触发，刷新时不触发
NewWindow2	当网页在新窗口中打开以前触发

1. 实施说明

为了保留任务1.2的工作文件夹，先复制文件夹"F:\VB\1.2"到本任务的任务文件夹"F:\VB\3.1"。

本程序的功能如图3-3所示，输入网址，单击"转到"按钮，显示该网址的网页。

图 3-3　带工具按钮的简易浏览器

2. 实施步骤

步骤 1　添加和设置工具按钮

添加5个按钮，用鼠标拖动调整大小，如图3-3所示。按表3-4所示设置对应按钮的名称和Caption值，把"cmdZhongzhi"按钮设置为默认取消按钮，把"cmdZhuandao"按钮设置为默认命令按钮，并给按钮添加图片效果。

表 3-4　简易浏览器的工具按钮

对象	属性名称	属 性 值
按钮1	Name	cmdHoutui
	Caption	后退
按钮2	Name	cmdQianjin
	Caption	前进
按钮3	Name	cmdZhongzhi
	Caption	中止
	Cancel	True

续表

对象	属性名称	属 性 值
按钮4	Name	cmdShuaixin
	Caption	刷新
按钮5	Name	cmdZhuye
	Caption	主页
按钮6	Name	cmdZhuandao
	Caption	转到
	Default	True
	Style	1–Graphic
	Picture	VB安装目录如 "C:\Program Files\Microsoft Visual Studio\Common\Graphics\Icons\Elements" 下的图标文件 "EARTH.ICO"

步骤 2　排列按钮

用对齐工具让按钮顶端对齐，如图3-4所示。

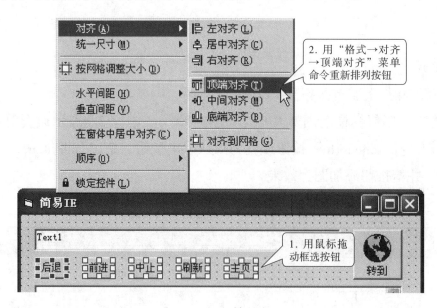

图 3-4　按钮排列代码

步骤 3　设置各命令按钮的 Click 事件处理代码

给各个命令按钮的Click事件添加相应的处理代码，调用浏览器控件的事件代码处理过程，如图3-5所示。

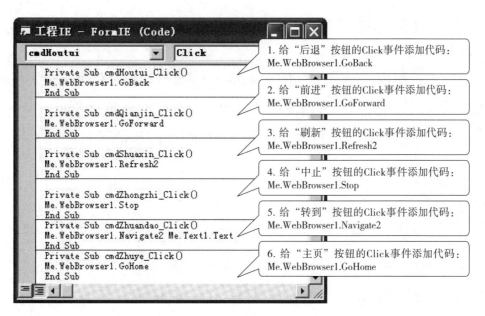

图 3-5　工具按钮代码

步骤4　测试运行

单击"启动"按钮或按F5键启动程序，在窗体的文本框中输入"http://www.baidu.com"，再单击"转到"按钮，对象"WebBrowser1"中将显示百度首页，如图3-3所示。

步骤5　保存工程、生成应用程序

单击"文件→工程另存为"菜单命令，保存该工程为"工程3-1.vbp"，再用"文件→生成工程"菜单命令打开"生成工程"对话框，在文件名栏中出现"工程3-1.exe"后单击"确定"按钮，生成应用程序"工程3-1.exe"。

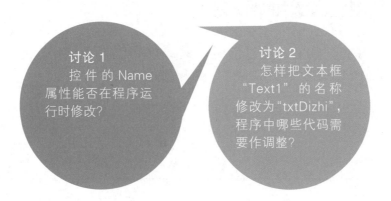

讨论 1
控件的 Name 属性能否在程序运行时修改?

讨论 2
怎样把文本框"Text1"的名称修改为"txtDizhi"，程序中哪些代码需要作调整?

练习 1　修改 cmdZhuandao_Click() 事件处理代码，实现在浏览器的标题中显示当前正在浏览的网页的网址。

练习 2 给按钮添加点击效果。当按钮按下时把按钮的 Caption 用粗体显示，当按钮弹起时恢复回正常。

提示：可以在按钮的 MouseDown 事件和 MouseUp 事件中通过代码来设置按钮的字体属性。比如把主页按钮的字体设置为粗体可以用语句：cmdZhuye.Font.Bold = True。Font 的常用属性常用的有：Bold（粗体）、Italic（斜体）、Underline（下划线）、Size（大小）。

（1）通过代码直接把 http://www.baidu.com 设置为该浏览器的主页。

（2）探索浏览器控件的 BeforeNavigate2 事件，在此事件代码中添加

Private Sub WebBrowser1_BeforeNavigate2(ByVal pDisp As Object, URL As Variant, Flags As Variant,

TargetFrameName As Variant, PostData As Variant, Headers As Variant, Cancel As Boolean)

Me.Caption=URL

End Sub

启动程序，观察浏览网页时窗体标题的变化情况。

（3）尝试在 BeforeNavigate2 事件处理代码中的最后添加语句：Cancel=True。启动程序，观察浏览器还能否继续浏览网页。

（4）程序运行时，依次按 Tab 键，观察光标停留的相应控件，理解控件属性 TabIndex 的作用。

（5）程序运行时，直接单击"前进"或"后退"按钮，观察程序出现的错误提示信息，有什么办法解决此问题？

任务 3.2 给浏览器添加错误处理

本任务在任务 3.1 的基础上，通过给浏览器添加错误处理代码，避免在单击"后退"、"前进"按钮时出现错误。

1. 浏览器控件的 CommandStateChange 事件

在任务 3.1 完成的浏览器中，未浏览过网页，直接单击"后退"、"前进"按钮时出现如图 3-6 所示的错误。产生此错误的原因显而易见，是因为浏览器的浏览历史页面还没有。要

避免这类错误，可以通过判断浏览器控件的命令状态的改变来决定是否启用"后退"和"前进"按钮。

图 3-6 访问错误

当浏览器控件的命令激活状态改变时，激发CommandStateChange事件，在此事件代码中可以通过判断命令的状态来决定Back和Forward菜单项或按钮是否启用。

Private Sub WebBrowser1_CommandStateChange(ByVal Command As Long, ByVal Enable As Boolean)

    If (Command = CSC_NAVIGATEBACK) Then   'CSC_NAVIGATEBACK 是一个浏览器控件，定义的常

                                                 '量量值为2

        cmdHoutui.Enabled = Enable   'Enable为事件过程的参数

        '当后退按钮可用时，Enable的值为True，否则为False

    End If

    If (Command = CSC_NAVIGATEFORWARD) Then   'CSC_NAVIGATEFORWARD 是一个浏览器控件，

                                                 '定义的常量值为1

        cmdQianjin.Enabled = Enable

    End If

End Sub

CommandStateChange事件不断地通报浏览器控件的状态，这样当通报"后退"按钮不可用（即Command=2,Cancel=False）时，执行语句"cmdHoutui.Enabled = Enable"的结果是"后退"按钮"cmdHoutui"的属性"Enabled"设置成了"False"，从而此按钮变成不可用，所以避免了误操作。

2. 浏览器控件的 BeforeNavigate2 事件

浏览器控件有一个BeforeNavigate2事件，此事件在网页打开前激发，事件过程定义如下：

Private Sub WebBrowser1_BeforeNavigate2(ByVal pDisp As Object, URL As Variant, Flags As Variant, TargetFrameName As Variant, PostData As Variant, Headers As Variant, Cancel As Boolean)

    '参数说明

    'pDisp 是发出BeforeNavigate2事件的浏览器控件

'URL 将要在浏览器控件中打开的网址

'Cancel 如果设置成True，则浏览器控件取消打开URL指定的网页，默认为False

Me.Caption = URL '把浏览的网址显示在窗体标题中

  End Sub

  在此过程中，可以记录浏览器访问的所有网址信息。如果在事件过程中添加"Cancel=True"语句，则浏览器不再继续访问URL指定的网址，利用此功能可以屏蔽一些网址，当访问这些网址时给出提示信息。

3. 让所有的网页均在同一窗口中打开

  在任务3.1完成的浏览器中，在打开超链接时会自动打开一个新窗口，用右键打开链接的快捷菜单，并选择"在新窗口中打开"命令，也会打开一个新窗口，但打开所链接网页的窗口是系统默认的浏览器窗口。如果想把所有的网页均在同一窗口中打开，可以利用浏览器控件的NewWindow2事件，该事件过程的定义如下：

    Private Sub WebBrowser1_NewWindow2(ppDisp As Object, Cancel As Boolean)

    '参数说明

    'ppDisp 设置一个要打开新网页的浏览器控件

    'Cancel 如果设置成True，则取消在新的浏览器控件中打开网页，默认为False

    ppDisp=WebBrowser2.Object '指定页面在浏览器控件WebBrowser2中打开，此控件与WebBrowser1

              '创建在同一个窗体中

    End Sub

  这样，在WebBrowser1中激活的"在新窗口中打开"命令，均会激发WebBrowser1的NewWindow2事件，在此事件过程中指定要打开新网页的控件WebBrowser2。至此实现了在WebBrowser1中浏览网页时，新打开的网页均在WebBrowser2中。

  接着在WebBrowser2的BeforeNavigate2事件过程中，用WebBrowser1浏览要打开的网页，并取消在WebBrowser2继续打开网页。

    Private Sub WebBrowser2_BeforeNavigate2(ByVal pDisp As Object, URL As Variant, Flags As Variant,

    TargetFrameName As Variant, PostData As Variant, Headers As Variant, Cancel As Boolean)

      WebBrowser1.Navigate2 URL '在浏览器控件WebBrowser1中浏览网页

      Cancel = True ' 取消在WebBrowser2继续打开网页

    End Sub

  利用第1个浏览器控件的NewWindow2事件和第2个浏览器控件的BeforeNavigate2事件实现在同一窗口中打开所有网页的过程示意如表3-5所示。

表 3–5　同一窗口中打开所有网页的过程示意

执行顺序	用　户	WebBrowser1	WebBrowser2
1	在WebBrowser1中右击链接，选择"在新窗口中打开"命令，触发WebBrowser1的NewWindows2事件		
2		在NewWindows2事件过程中设置打开新网页的浏览器控件对象ppDisp=WebBrowser2.Object，触发WebBrowser2的BeforeNavigate2事件	
3			在BeforeNavigate2事件过程中，把要打开的网页用WebBrowser1.Navigate2方法来打开，并取消在WebBrowser2中打开
4		Navigate2方法在WebBrowser1中打开在WebBrowser2的BeforeNavigate2事件过程中指定的网页	

1．实施说明

为了保留任务3.1的工作文件夹，先复制文件夹"F:\VB\3.1"到本任务的任务文件夹"F:\VB\3.2"。

本程序的功能如图3–7所示，输入网址，单击"转到"按钮，显示该网址的网页。

图 3–7　带错误处理的简易浏览器

2．实施步骤

步骤1　设置后退和前进按钮的状态

如图3-8所示，添加WebBrowser1的CommandStateChange事件过程处理代码：

```
If (Command = CSC_NAVIGATEBACK) Then
    cmdHoutui.Enabled = Enable
End If
If (Command = CSC_NAVIGATEFORWARD) Then
    cmdQianjin.Enabled = Enable
End If
```

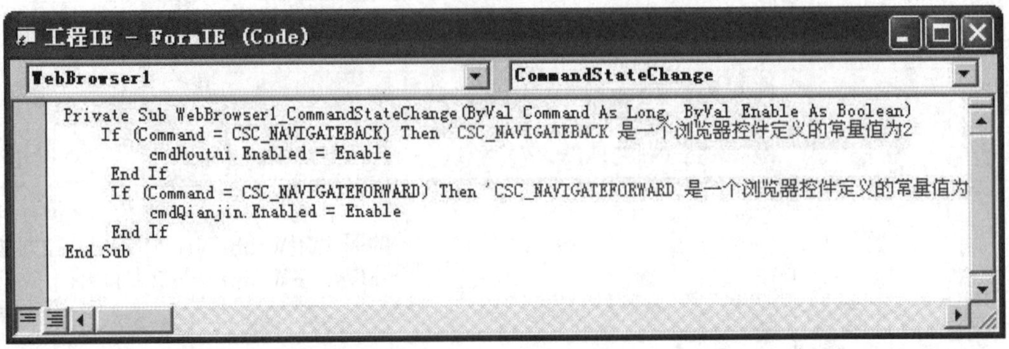

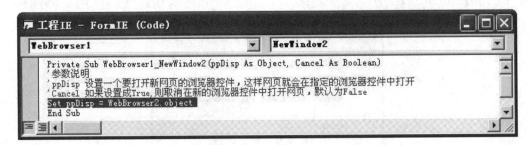

图 3-8 设置 CommandStateChange 事件过程

启动测试程序，浏览网页时观察"后退"和"前进"按钮的状态变化。

步骤 2 添加第 2 个浏览器控件

从工具箱中选择"浏览器控件"，在窗体的空白处用鼠标拖动绘制一个控件，把此控件的名称取为"WebBrowser2"，并设置它的Visible属性值为False，这样在程序运行时将不会显示此控件。

步骤 3 设置 WebBrowser1 的 NewWindow2 事件代码

如图3-9所示，添加WebBrowser1的NewWindow2事件过程处理代码：

```
Set ppDisp = WebBrowser2.object
```

图 3-9 WebBrowser1 的 NewWindow2 事件过程

测试运行程序，当在新窗口中打开网页时，新的网页将显示在第2个浏览器控件中。

步骤 4 设置 WebBrowser2 的 BeforeNavigate2 事件代码

如图3-10所示，添加WebBrowser2的BeforeNavigate2事件过程处理代码：

```
WebBrowser1.Navigate2 URL '用WebBrowser1的Navigate2方法打开网页
```

Cancel = True '取消在本控件中继续打开网页

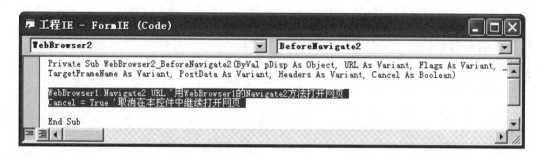

图 3-10　WebBrowser2 的 BeforeNavigate2 事件过程

WebBrowser2起到中转的作用，把从WebBrowser1中传过来的URL不在本浏览器控件中打开，而是交给WebBrowser1去打开。

步骤 5　测试运行

单击"启动"按钮或按F5键，启动程序后，在窗体的文本框中输入"http://www.baidu.com"，再单击"转到"按钮，对象"WebBrowser1"中将显示百度首页，如图3-3所示。

步骤 6　保存工程、生成应用程序

单击"文件→工程另存为"菜单命令，保存该工程为"工程3-2.vbp"，再用"文件→工程3-2.exe"菜单命令打开"生成工程"对话框，在文件名栏中出现"工程3-2.exe"后单击"确定"按钮，生成应用程序"工程3-2.exe"。

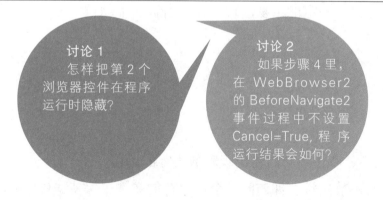

讨论 1
怎样把第 2 个浏览器控件在程序运行时隐藏？

讨论 2
如果步骤 4 里，在 WebBrowser2 的 BeforeNavigate2 事件过程中不设置 Cancel=True，程序运行结果会如何？

练习 1　让网页在新的独立窗口中打开。

提示：修改WebBrowser1的NewWindow2事件过程，把代码修改为：

```
Set frm = New FormIE    '新建一个FormIE类型的窗体对象

frm.Visible = True    '让窗体可见

Set ppDisp = frm.WebBrowser1.object    '新的网页显示在该窗体的浏览器对象中
```

练习 2　给按钮添加提示信息。

提示：设置按钮的ToolTipText属性，当鼠标停留在按钮上时会显示设置的提示文本。

（1）程序的错误。在日常生活中汽车经常发生召回事件，或因刹车系统已暴露出缺陷引发事故，或因驱动系统在极端条件下失灵，或因保险气囊质量有问题等。这些问题有的在汽车设计时可以避免，有些只有经过充分的测试才能解决。程序也和其他的商品一样会有一定的瑕疵，一个高质量的程序肯定在出厂之前要进行严格的测试，在大型程序的开发过程中程序测试是一项独立的工作。程序的错误可以分3类：语法错误、运行时错误和逻辑错误。

① 语法错误。语法错误是程序中最常出现最容易解决的错误。通常是由键盘输入、命令格式不对造成的，比如表达式中的括号不配对，关键字错误，调用未定义的过程或函数等。如：

```
A=int(100*rnd())
If a=b THEM print a,b
```

VB程序在代码键入和测试编译运行时，程序会给出错误信息，并用高亮显示代码。

② 运行时错误。运行时错误在程序输入和编译时通常不会出现，但在运行程序时可能会出现而导致程序中断。如在任务3.1完成的浏览器中，未浏览过网页，直接单击"后退"、"前进"按钮时出现图3-6所示的错误，这是需要调整代码来避免这种错误，本任务中处理的方法是动态禁用"前进"和"后退"按钮。

还有的运行时错误不一定能重复出现。如果求解一个题目，输入两个数a和b，求两个数的商。

```
DIM a AS Single,b AS Single
a=Inputbox("请输入被除数")
b=InputBox("请输入除数")
Print a/b
```

如果输入的a为零，程序运行时将出现除数为零的错误。

运行时错误具有不确定性，如访问一个不存在的文件，保持文件时磁盘空间不足都会导致运行时错误，通常解决的办法是在访问文件时先检查文件是否存在，保存时查询磁盘空间是否足够。

③ 逻辑错误。逻辑错误在程序的编译和运行阶段不会有任何错误提示，表明运行正常，是算法上的错误，通常需要结合运行结果进行代码静态排查。逻辑错误在实时控制系统中有时造成灾难性的后果，如俄罗斯曾经因程序中某一语句的逻辑错误导致卫星发射的接连失败。

如高考录取程序，如果录取某校的条件是总分高于600分，且获得国家信息学竞赛二等奖以上。下列代码蕴涵逻辑错误，导致录取人数超额：

If score>=600　Or　dengjiang>=2 then Print "录取"

（2）程序的调试。VB开发环境的工作模式有3种：设计模式、运行模式和中断（调试）模式。3种模式之间的关系如图3-11所示。

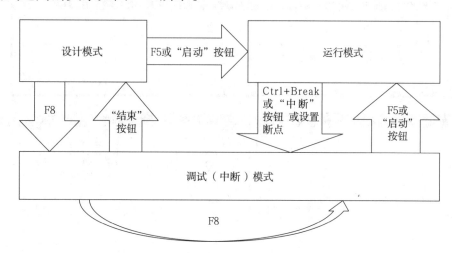

图 3-11　VB 开发环境的 3 种工作模式

在调试（中断）模式中可以通过本地窗口显示当前过程中所有变量的值，通过监视窗口查看指定变量的值，通过立即窗口输入交互命令设置和查询变量的值。

断点是最常用的调试手段，让程序运行到某一语句时，进入调试模式，观察运行结果，如变量的值是否符合预期。

如图3-12所示，添加断点，运行到断点所在语句时程序暂停运行，监视窗口中添加监视数组a，此时可以发现3个元素均为空值。在立即窗口中输入交互语句，显示iTH的值为1，a(1)的值为空。

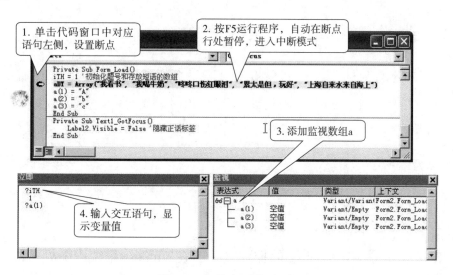

图 3-12　断点测试（1）

接着，按F8单步调试程序，黄色高亮移动到下一语句上，再按F8，结果如图3-13所示。监视窗体中a(1)的值为"A"，aDY(1)的值为"我看书"。

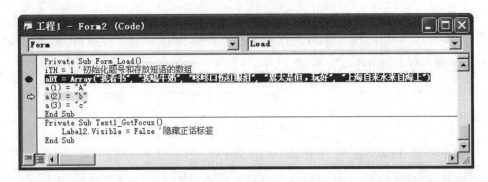

图 3-13　断点测试（2）

详细的调试方法请参考联机帮助"调试方法"专题。

（3）添加浏览器控件Navigator_Error事件。浏览网页时有时会发生难以预测的错误，添加Navigator_Error事件处理过程，防止程序一旦出错时直接退出。

Private Sub WebBrowser1_NavigateError(ByVal pDisp As Object, URL As Variant, Frame As Variant, StatusCode As Variant, Cancel As Boolean)

MsgBox "浏览器出错，错误代码："&StatusCode

Cancel=True　　'一旦出错，停止继续浏览

End Sub

任务 3.3　让浏览器的地址栏智能化

本任务在任务3.2的基础上，通过优化浏览器的地址栏，让浏览器具有智能记忆网址的功能。

1.　文本框控件

文本框（TextBox）是VB中最重要的控件之一，在Windows系统中随处可见，文本框主要用于接收用户从键盘输入数据，在前面的例子中已经接触使用过文本框。

　文本框除了Top、Left、Height、Width、Enabled、Visible等基本属性外，具有自己独特的一些属性、方法和事件。

（1）属性。

Text：文本框的文本内容，此属性值最常用，在前面的浏览器程序中的地址栏就是用文本框来实现的，把文本框中输入的内容作为网址。

Multiline：决定文本框的单行模式（值为False）或多行模式（值为True）。单行方式最多可容纳2 048个字符，多行方式最多可以输入32 K个字符。

Alignment：当多行模式（即Multiline属性值为True）下，用于设置文本框内容的对齐方式，值有左对齐（0）、右对齐（1）和居中（2）三种。

ScrollBars：当多行模式（即Multiline属性值为True）下，设置当文本框大小显示不下文本框内容时，滚动条的显示工作方式，不显示（0）、水平（1）、垂直（2）和两者（3）。

（2）方法。

SetFocus：调用文本框的此方法，会把系统光标当前的输入焦点设置到该文本框，即光标定位在该文本框中供用户输入。

（3）事件。

GotFocus：当文本框获取输入焦点时，触发此事件，可以在此事件过程中实现输入的初始化工作，如原先文本框中显示的内容是提示信息，获取输入焦点后清除提示信息。

LostFocus：当文本框失去输入焦点时，触发此事件，但触发的前提是控件的Validate事件中不能设置Cancel属性为真，否则文本框一旦获得输入焦点一直不会再失去它。

Change：当文本框的文本内容改变时，触发事件。这个事件比较实用，本任务中要利用此事件，来实现浏览器地址栏的智能化。每输入一个字符，从存放在列表框中的访问过的网址中搜索近似匹配的地址供快速选择。

Click：当鼠标单击文本框时触发Click事件。

DbClick：当鼠标双击文本框时触发DbClick事件，双击事件一定先会激活一个Click单击事件。

Validate：当文本框将要失去焦点前触发。

KeyDown：当在文本框中输入文本按下键时触发。

KeyPress：当在文本框中输入文本按住键时触发。

KeyUp：当在文本框中输入文本松开释放键时触发。

如果想测试文本框各个事件触发的顺序，可以在每个事件中加入语句Debug.Print，打印出对应的事件名称，这样当程序运行时可以在立即窗口中看到事件触发的顺序。

2．列表框控件

列表框（Listbox）用于显示项目列表，从其中可以选择一项或多项。如果项目总数超过了控件可显示区域的项目数，就会自动在 ListBox 控件上添加滚动条。

（1）属性。

ListIndex：如果未选定项目，则 ListIndex 属性值是 –1。列表第一项的 ListIndex 属性值是0，ListCount 属性值总是比最大的 ListIndex 值大 1。

ListCount：列表框中的项目数。

List：存放列表框中项目的数组，List(i)表示第i个项目数据。

Text：当前选中的项目内容。

Style：值为0表示标准，为1表示复选框将出现在列表框中。

MultiSelect：当Style属性设置为 1（复选框）时，不允许设置 MultiSelect 属性为非0（无）的其他值。设置成非0值时，允许同时选择多项。

Sorted：值为True时，项目按字母顺序排列。

Selected：值为True时，表示该项被选中。

（2）方法。

AddItem：向列表框添加数据项。

RemoveItem：从列表框框中删除数据项。

Clear：删除列表框中的所有数据项。

3. 组合框控件

组合框（ComboBox）控件将 TextBox 控件和 ListBox 控件的特性结合在一起，既可以在控件的文本框部分输入信息，也可以在控件的列表框部分选择一项。因此具有TextBox和ListBox两者的属性、方法和事件。

组合框有三种风格，可以通过Style属性指定。

默认值为0：为下拉组合框（Dropdown Combo），实现从列表框中选择项目，也可以在文本框中修改输入内容。

值为1：为简单组合框（Simple Combo），不显示列表框，通过上下光标键选择数据项。

值为2：为下拉列表框（Dropdown List），实现从列表框中选择项目，不能在文本框中修改输入内容。

1. 实施说明

为了保留任务3.2的工作文件夹，先复制文件夹"F:\VB\3.2"到本任务的任务文件夹

"F:\VB\3.3"。

本程序的功能如图3-14所示，输入网址，能智能提示，自动匹配最近浏览过的网址，按回车键或单击列表框后，把选择的网址显示在地址栏中；双击列表框中的网址直接浏览。

图 3-14　地址栏智能提示的简易浏览器

2. 实施步骤

步骤 1　添加列表框按钮 ListAddress

如图3-14所示，在窗体中添加一个列表框控件，命名为"ListAddress"，把原来的文本框Text1改名为"TextAddress"，属性初始设置如表3-6所示。

表 3-6　地址栏属性

对　　象	属性名称	属　性　值
列表框	Name	ListAddress
	Visible	False
	Sorted	True
文本框	Name	TextAddress
	Text	请输入网址

步骤 2　编写 TextAddress 文本框的 Click 事件过程

单击地址栏时，如果地址栏的内容是初始文本的"请输入网址"，则清空内容。并且显示列表框。

```
Private Sub TextAddress_Click()
    If TextAddress.Text = "请输入网址" Then TextAddress.Text = ""
    Me.ListAddress.Visible = True
End Sub
```

步骤 3　编写 TextAddress 文本框的 Change 事件过程

当在地址栏文本框中输入网址时，从列表框中查找是否有匹配的项目，设置列表框的ListIndex属性值，来选定项目。

```
Private Sub TextAddress_Change()
    Dim i, dzcd
    dzcd = Len(TextAddress.Text)                '存放文本框中输入的文本长度
    ListAddress.ListIndex = —1                  '默认设置未找到
    For i = 0 To ListAddress.ListCount —1       '遍历列表框中项
        If Left(ListAddress.List(i), dzcd) = TextAddress.Text Then
        '地址栏的输入内容与列表框中项目等长左子串相等
            ListAddress.ListIndex = i           '把i设置为选中的位置
            Exit For   '结束循环
        End If
    Next
End Sub
```

步骤 4　编写 TextAddress 文本框的 KeyPress 事件过程

当在地址栏中输入内容，按回车键时，如果有匹配的选定的项目，则把该项目内容赋值到地址栏中。

```
Private Sub TextAddress_KeyPress(KeyAscii As Integer)
    If KeyAscii = 13 Then    '按了回车键
        If ListAddress.ListIndex <> —1 Then    '列表框中有匹评选中的项目
            TextAddress.Text = ListAddress.List(ListAddress.ListIndex)
                '把选中网址赋值给地址栏文本框
        End If
    End If
End Sub
```

知识链接　怎样知道键所对应的 KeyAscii 值

可以在KeyPress事件过程的开始，添加语句"Msgbox KeyAscii"，则在程序运行按下键时，则显示对话框提示该键对应的ASCII码。也可以添加语句"Debug.Print KeyAscii"，让程序运行按下键时，会在立即窗口显示该键对应的ASCII码。

步骤 5　编写 ListAddress 列表框的 DblClick 和 MouseDown 事件过程

当鼠标左键按下时，把列表框中的选中项的内容赋值给文本框。

```
Private Sub ListAddress_MouseDown(Button As Integer, Shift As Integer, X As Single, Y As Single)
    Me.TextAddress.Text = Me.ListAddress.List(Me.ListAddress.ListIndex)
End Sub
```

当发现列表框中有需要浏览的网址时，直接双击该项目，调用"转到"按钮的Click事件过程。

Private Sub ListAddress_DblClick()

    cmdZhuandao_Click

End Sub

步骤 6　编写 cmdZhuandao 按钮的 Click 事件过程

修改"转到"按钮的Click事件过程。

Private Sub cmdZhuandao_Click()

    Me.ListAddress.AddItem Me.TextAddress.Text　'添加地址栏中输入到列表框中

    Me.ListAddress.Visible = False　'隐藏列表框

    Me.WebBrowser1.Navigate2 Me.TextAddress.Text

End Sub

步骤 7　测试运行

单击"启动"按钮或按F5，启动程序后，如图3-14所示，在窗体的地址栏文本框中输入"www.b"后按回车键，"www.baidu.com"将出现在地址栏中，再单击"转到"按钮，显示百度首页。

如果输入的是新网址，观察列表框的变化。

步骤 8　保存工程、生成应用程序

单击"文件→工程另存为"菜单命令，保存该工程为"工程3-3.vbp"，再用"文件→工程3-3.exe"菜单命令打开"生成工程"对话框，在文件名栏中出现"工程3-3.exe"后单击"确定"按钮，生成应用程序"工程3-3.exe"。

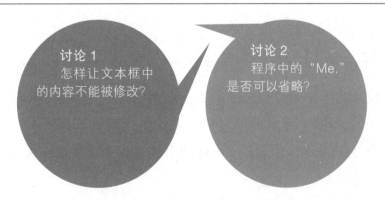

讨论 1　怎样让文本框中的内容不能被修改？

讨论 2　程序中的"Me."是否可以省略？

练习 1　修改 TextAddress 文本框的 KeyPress 事件过程，实现按回车键时，直接浏览网页，这样可以隐藏"转到"按钮，节省界面空间。

提示：判断如果文本框中的内容不在列表框中或和列表框中选中的项相同，则直接浏览，否则把列表框中的选中项的内容赋值给文本框。

练习 2　修改步骤 6 的 cmdZhuandao_Click 事件过程中的代码，在向列表框添加新网址时避免添加重复的网址。

提示：遍历列表框中的项，如果遍历后没有找到，则添加。

练习 3　如果本任务中把 ListAddress 的 Sorted 的属性默认设置为 False，则列表框中的项目不会自动按字母顺序排序。如何修改步骤 6，实现向列表框中有序插入新项目。

提示：找到合适的插入位置，在 Additem 中指定插入的位置。

练习 4　如图 3-15 所示，分析把语句从 A 处移动到 B 处后，程序功能变化和执行的效率。

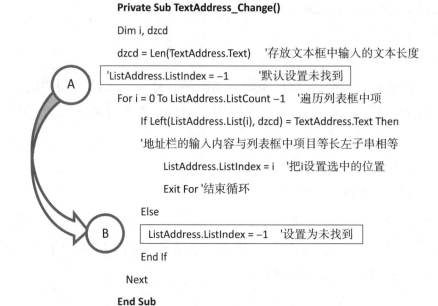

```
Private Sub TextAddress_Change()
Dim i, dzcd
dzcd = Len(TextAddress.Text)    '存放文本框中输入的文本长度
'ListAddress.ListIndex = –1         '默认设置未找到
For i = 0 To ListAddress.ListCount –1    '遍历列表框中项
    If Left(ListAddress.List(i), dzcd) = TextAddress.Text Then
        '地址栏的输入内容与列表框中项目等长左子串相等
        ListAddress.ListIndex = i    '把i设置选中的位置
        Exit For '结束循环
    Else
        ListAddress.ListIndex = –1    '设置为未找到
    End If
Next
End Sub
```

图 3-15　语句移动示意图

（1）给文本框控件的 GotFocus、LostFocus、KeyPress、KeyDown、KeyUp、Validate 事件过程添加事件代码，在文本框中显示事件过程的名称，观察当选择文本框、输入字符、离开文本框时以上事件发生的顺序。例如 KeyDown 的事件过程中，实现在文本框中显示事件名称"KeyDown"。

```
Private Sub Text1_KeyDown(KeyCode As Integer, Shift As Integer)
    Me.Text1.Text = Me.Text1.Text + "KeyDown"
End Sub
```

（2）用ComboBox来代替文本框实现地址栏，改造相关代码，把列表框中的网址同步显示在ComboBox中。

任务 3.4　给浏览器添加收藏夹

本任务在任务3.3的基础上，通过给浏览器添加收藏夹，学习文件的读写基本操作、子窗体及窗体基本事件的使用。

1. 窗体

窗体，是VB标准Windows程序中不可缺少的对象。每一个应用程序，都至少有一个窗体，如在前面的任务学习中，有一个名为"FormIE"的窗体，作为默认的启动对象，因此这个窗体可以认为是该程序的主窗体，当这个主窗体关闭时，程序结束退出。

当程序中有多个窗体时，可以通过"工程→工程属性"菜单命令打开如图3-16所示的"工程属性"对话框，在"通用"选项卡中选择启动对象的主窗体。

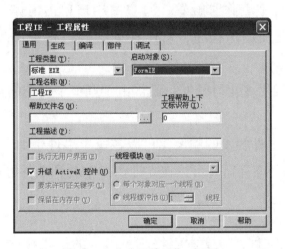

图 3-16　"工程属性"对话框

其他的窗体作为子窗体在主窗体"需要"的时候，通过该窗体的属性和方法来进行更新显示、隐藏、创建、关闭等操作。本任务中的收藏夹将以子窗体的形式出现，当在浏览器窗体中单击"收藏"按钮时，显示收藏夹窗体，进行管理。

窗体具有自己独特的一些属性、方法和事件。

（1）属性。窗体的常用属性有Picture、MaxButton、MinButton、ControlBox、BorderStyle等。

Picture：可以设置窗体标题栏左侧显示的图标。

MaxButton：窗体最大化按钮显示与否。默认值为True，显示最大化按钮。

MinButton：窗体最小化按钮显示与否。默认值为True，显示最小化按钮。

ControlBox：是否在窗体运行时在窗体标题栏中显示控制按钮（最大化、最小化等按钮）。

BorderStyle：设置窗体的边框类型，在设计窗体时更改此属性会实时显示窗体的边框样式。BorderStyle有6种类型：无边框（0-None），固定单线框（1-Fixed Single），可调节边框（2-Sizeble），固定对话框（3-Fixed Dialog），固定工具窗（4-Fixed ToolWindow），可调节工具窗（5-Sizable ToolWindow）。

（2）方法。窗体的Show 方法与设置窗体 Visible 属性为 True 具有基本相同的效果，但Show方法可以指定窗体以"模式"窗体方式显示，这样窗体会显示在最顶层，在此窗体被关闭前，不能对其他的窗体进行操作。如收藏夹子窗体就应该以"模式"窗体的形式显示。

窗体的许多方法都调用文本或图形。Print、Line、Circle 和 Refresh 方法可用于直接在窗体上打印显示文本和绘制图形。详细可以在帮助系统中搜索"使用文本和图形"查看。

（3）事件。窗体除拥有GotFocus、LostFocus、Click、DbClick、KeyDown、KeyPress、KeyUp、MouseMove、MouseDown、MouseUp等事件外还有Load、Unload、Resize事件。

Load：当窗体装入到系统中时触发。可以在此事件代码中，进行一些数据的初始准备工作，如当把存放在磁盘文件中的网址读取出来，存放到地址栏列表框中。

Unload：当窗体从系统中删除时触发，通常由用户单击窗体的关闭按钮时触发，为防止用户意外单击关闭按钮而退出程序，可以在此事件过程中加入代码，询问是否正常退出窗体。

Resize：当窗体大小发生变化时触发，通常由于调节了窗体的边框，任务3.5中专门学习这一事件。

如果想测试窗体各个事件触发的顺序，可以在每个事件中加入语句Debug.Print，打印出对应的事件名称，这样当程序运行时可以在立即窗口中看到事件触发的顺序。

2.　文本文件

文本文件是最常见的文件，以文本字符流（串）的格式存储，使用比较方便，可以用Windows自带的记事本程序等编辑，文本文件通常用顺序方式读写。

如图3-17所示，在记事本中输入4行文本，保存文件到本任务文件夹"F:\VB\3.4"下。

如何来理解这个文本文件中存储的文本含义，需要与存储时的含义对应。这个文件中每一行存储了一个网址及网站的名称，两者间用半角字符逗号分隔开，网址在前、网站的名称在后，文件建立时用户就按这个要求输入。文件的使用要把握"怎样存储则怎样读取"的原则。

本任务要从文本文件中读取存储的网址，添加到地址栏列表框中。

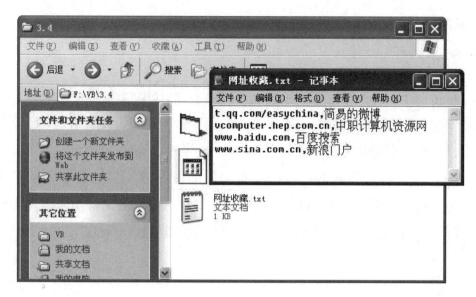

图 3-17 文本文件

3. 文本文件的顺序读写

对文本文件的读写主要采用顺序文件的处理方式。对文件操作主要分3个步骤：首先用Open命令打开文件，其次进行读写操作，最后用Close命令关闭文件。

（1）顺序文件的打开。顺序文件有3种打开文件，分别用在不同的情况下：

当从文件中读取文本内容时，用"Open <文件名> For Input As fileno"打开文件。

当把内容写入文件时，用"Open <文件名> For Output As fileno"打开文件。

当把内容追加到原有文件时，用"Open <文件名> For Append As fileno"打开文件。

Fileno 是一个整型变量，用做文件的句柄，这个句柄是系统唯一，必须通过函数FreeFile获得，文件打开操作时与具体的文件关联，否则会导致不可预料的错误。在文件的打开、读、写、关闭等操作时需要用到。如：

```
inFile = FreeFile
Open "网址收藏.txt" For Input As inFile
```

（2）从顺序文件中读取一行。

从文本文件中读取一行，用"Line Input #fileno,变量名"语句。#号必须加在文件句柄前。如：

```
Dim strDZ as String
Line Input #inFile, strDZ    '实现把文件的当前行内容读取到变量strDZ中。
```

（3）把字符串写入到文本文件。

可以用"Print #fileno,数据项1;数据项2;…"语句，把数据项以紧凑格式接连存储到文件的一行中。

如果文件是用追加（Append）形式打开的，则写入行在文件的最后，否则从文件开始写入行，将清除原先的文本文件内容。如：

outFile = FreeFile

Open "网址收藏.txt" For Output As outFile

Print #outFile, Me.ListSC.List(i);   '把窗体中列表框控件的第i项数据写入文件。

（4）顺序文件的关闭。文件的关闭用"Close fileno"语句，文件在完成读写等操作后，需要及时关闭，系统及时把内存中的数据更新到磁盘等外存储中。

文件的操作是学习程序设计的难点，文本文件的顺序读写只是简单介绍了文件一种基本操作方式，更多的文件操作可以从联机帮助中搜索"用传统的文件 I/O 语句和函数处理文件"。理解文件操作，可以更好地理解计算机存储数据的原理。

1. 实施说明

保留任务3.3的工作文件夹，先复制文件夹"F:\VB\3.3"到本任务的任务文件夹"F:\VB\3.4"。

本程序的功能如图3-18所示，输入网址，单击"收藏"按钮，打开收藏夹窗体，给网址添加备注说明后，单击"保存"按钮，添加到收藏夹列表框中，单击"取消"按钮关闭窗体。

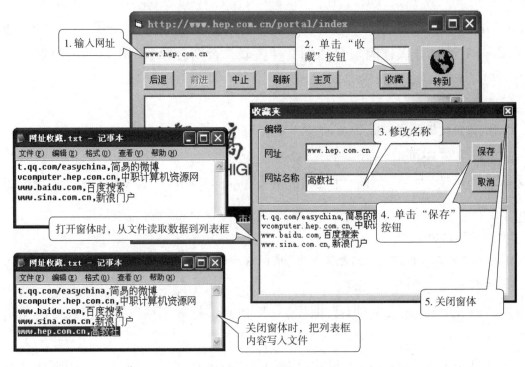

图 3-18　收藏夹功能

2. 实施步骤

步骤 1 添加"收藏夹"窗体"FormSC"及控件

用"工程→添加窗体"菜单命令，打开"添加窗体"对话框，添加窗体，并依次添加布局窗体上的控件，设置相关属性，如表3-7所示。

表 3-7 "收藏夹"窗体及相关控件设置

对　　象	属 性 名 称	属 性 值
窗体	Name	FormSC
	Caption	收藏夹
	BorderStyle	4-Fixed ToolWindow
	StartUpPosition	2-屏幕中心
框架	Name	Frame1
	Caption	编辑
标签1	Name	Label1
	Caption	网址
	Alignment	0-Left Justify
标签2	Name	Label2
	Caption	网站名称
文本框1	Name	TextWZ
文本框2	Name	TextWZMC
按钮1	Name	CommandBC
	Caption	保存
按钮2	Name	CommandQX
	Caption	取消
列表框	Name	ListSC

步骤 2 编写"收藏夹"窗体"FormSC"的相关事件过程

（1）Form_Load事件。

```
Private Sub Form_Load()    '窗体装载成功后，从文本文件中读取网址内容
Dim inFile As Integer
Dim strDZ As String
inFile = FreeFile    '获取文件句柄
Open "网址收藏.txt" For Input As inFile    '以读模式打开文件，关联文件句柄
```

```
    Do Until EOF(inFile) 'EOF(inFile)    '测试文件指针是否已到末尾，未到末尾继续循环读取
        Line Input #inFile, strDZ    '读取当前行的内容到字符串变量 strDZ
        If strDZ <> "" Then
            Me.ListSC.AddItem strDZ    '读入的不是空行，把内容添加到列表框中
        End If
    Loop
    Close inFile    '关闭文件
    End Sub
```

（2）Form_UnLoad事件。

```
    Private Sub Form_Unload(Cancel As Integer)    '窗体关闭前，把列表框内容写入到文本文件中
    Dim outFile As Integer
    Dim strDZ As String
    Dim i
    outFile = FreeFile    '获取文件句柄
    Open "网址收藏.txt" For Output As outFile    '以写模式打开文件，关联文件句柄
    For i = 0 To Me.ListSC.ListCount –1    '循环遍历列表框中的项，依次写入文件
        Print #outFile, Me.ListSC.List(i)    '向文本文件写入1行
    Next i
    Close outFile    '关闭文件
    End Sub
```

（3）ListSC_Click事件。

```
    Private Sub ListSC_Click()    '把选中的项目内容，分解后显示在文本框中
    Dim str As String, strWZ As String, strWZMC As String
    Dim i
    str = ListSC.List(ListSC.ListIndex)    '获取单击选择的列表框
    i = InStr(str, ",")    '获取“,”的位置，没有“,”分割的数据内容是不符合存储格式的，下列代码将
                           '出错
    strWZ = Left(str, i -1)    '“,”前面的是网址
    strWZMC = Mid(str, i + 1)    '“,”后面的是网站说明
    Me.TextWZ = strWZ    '显示在网址文本框中
    Me.TextWZMC = strWZMC    '显示在网址名称文本框中
    End Sub
```

（4）CommandBC_Click事件。

```
    Private Sub CommandBC_Click()    '添加或修改新网址到列表框，按约定的格式“网址”+“,”+
                                     '“网址说明”
    If ListSC.ListIndex = –1 Then    '列表框中没有选择的项，则是添加，否则为修改
        Me.ListSC.AddItem Me.TextWZ + "," + Me.TextWZMC    '添加
```

```
        Else
                Me.ListSC.List(ListSC.ListIndex) = Me.TextWZ + "," + Me.TextWZMC     '修改
        End If
    End Sub
```

（5）CommandQX_Click事件。

Private Sub CommandQX_Click()

Unload Me　'从内存清除窗体，和单击窗体的关闭按钮一样触发Form的Unload事件

End Sub

步骤 3　测试"收藏夹"窗体

参考图3-19，把启动窗体调整为"FormSC"，按F5启动程序。

图 3-19　收藏夹窗体的单独测试

首次启动时，列表框中没有选中的项，按程序提供的功能是单击"保存"按钮添加网址到"列表框"，如果选中列表框中的项，单击"保存"按钮，则是修改选中项的内容。

中止测试，把启动窗体改为原来的"FormIE"窗体。

步骤 4　给"FormIE"窗体添加"收藏"按钮，并设置事件代码

在任务3.3中因为在"FormIE"窗体中添加了列表框对象，原先的按钮被置于列表框下面，要操作这些按钮或在被列表框遮挡的区域添加其他控件变得极不方便，在设计时可以如图3-20所示，右击列表框，从快捷菜单中选择"移至底层"，在添加完"收藏"按钮后，再同理把列表框"移至顶层"。

把添加的按钮，取名为"cmdSC"，Caption标题设置为"收藏"。然后设置改按钮的Click事件代码。

Private Sub cmdSC_Click()

FormSC.TextWZ = Me.TextAddress

'把地址栏中的网址赋值给收藏夹窗体的TextWZ文本框

FormSC.TextWZMC = "未备注"

'把收藏夹窗体的TextWZMC文本框的内容设置为"未备注"

FormSC.Show vbModal '以模式方式，显示收藏夹窗体
End Sub

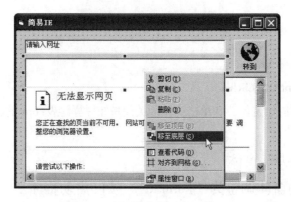

图 3-20　调整对象的显示层次

步骤 5　测试运行

单击"启动"按钮或按F5，启动程序后，如图3-18所示。

步骤 6　保存工程、生成应用程序

单击"文件→工程另存为"菜单命令，保存该工程为"工程3-4.vbp"，再单击"文件→生成工程"菜单命令打开"生成工程"对话框，在文件名栏中出现"工程3-4.exe"后单击"确定"按钮，生成应用程序"工程3-4.exe"。

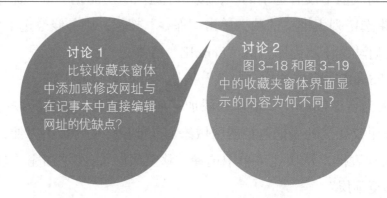

讨论 1
比较收藏夹窗体中添加或修改网址与在记事本中直接编辑网址的优缺点？

讨论 2
图 3-18 和图 3-19中的收藏夹窗体界面显示的内容为何不同？

练习 1　给程序增加功能，在关闭程序前，能给出提示信息，让用户确认是否真的要关闭程序。

练习 2　修改"FormIE"窗体的 Picture 属性，给窗体选择一个图标。

提示：可以选择与"转到"按钮相同的图标，建议用Windows自带的绘图软件设计一个。

练习 3　修改"FormIE"窗体的 Load 事件过程，在此事件过程中从"网址收藏.txt"中读取网址信息，添加到该窗体的地址栏列表框中，供用户快速选择。

提示：在FormIE列表框中，只需要显示网址部分，网站说明部分不用显示。

（1）新建一个工程文件，编写一个简单的文本编辑器，如图3-21所示。实现程序运行时，先用InputBox提示输入的文件名，把该文件的内容读取到窗体的文本框（多行格式）中，修改内容，按"保存"按钮把文本框内容写入文件，按"关闭"按钮直接退出程序，不保存修改的内容。

提示：InputBox是一个对话框框函数，可以把在对话框中输入的内容返回给字符串变量。

如语句：fileName = InputBox("请输入要打开编辑的文件名", "提示")。

fileName定义在窗体代码窗口的通用字段处，便于窗体中的过程中均能使用此变量，在保存文件时使用。

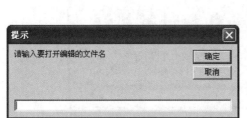
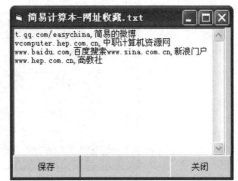

图 3-21　简易记事本

（2）完善收藏夹窗体的功能，避免添加相同网址的重复项到列表框中。

（3）为了使程序中的地址栏列表框更直观形象，可以在列表框中同时显示网址和网站说明，试修改FormIE代码窗体中的Form_load、TextAddree_PressKey和ListAddress_MouseDown事件过程中的相关的代码，实现这一功能。

任务 3.5　让浏览器窗口自动调整大小

本任务在任务3.4的基础上，通过窗体的Resize事件，调整窗体中浏览器对象的大小，了解VB的度量单位以及程序中用代码来设置控件的位置和大小。

1. VB 的坐标系统

如果打算在VB中绘制图形或调整移动控件的大小或位置，需要了解VB的坐标系统。

一个控件在另一控件（如窗体）中的位置和大小，由该控件的Left、Top、Width、Height 决定。每一个控件有自己的坐标系统，其内部空间的大小可由属性ScaleWidth和ScaleHeight 取得。如图3-22所示，说明了窗体的坐标系统，窗体中的一点可以用(x,y)来表示，浏览器对象在窗体中的左上角在窗体坐标系中的位置是(Left,Top)，它的右下角在窗体坐标系中的位置可以通过计算得到(Left+Width,Top+Height)。

图 3-22　VB 坐标系统示意

沿这些坐标轴定义位置的测量单位，统称为刻度。在VB中，坐标系统的每个轴都有自己的刻度，坐标轴的方向、起点和坐标系统的刻度，都是可以改变的。系统默认坐标系统的起点是（0，0），刻度单位是缇，通常情况下不要去修改默认的坐标系统。

VB中，所有移动、调整对象大小和图形绘制语句，根据缺省规定，使用缇为单位。缇是打印机的一磅的 1/20（1 440 缇等于1 in；567 缇等于1 cm）。这些测量值指示对象打印后的大小。屏幕上的物理实际距离根据监视器的大小变化。在联机帮助"改变对象的坐标系统"中描述了如何选择缇以外的刻度单位。

2. 如何调整浏览器对象的大小

在图3-19中，发现窗体太小，浏览网页不方便，即使把窗体最大化，浏览器对象的大小仍然一样。能不能当窗体大小改变时，让浏览器对象的大小也跟着变化呢？要实现这一功能可以在窗体的Resize事件过程中重新设置浏览器对象的大小即可。

调整浏览器对象的大小，其实就是设置它的Width 和Height属性值。可以采用如下策略：假设未改变前可用尺度为ScaleWidth1和ScaleHeight1，调整大小后的可用尺度为ScaleWidth和ScaleHeight，则只要把浏览器对象的Width在原来基础上加上ScaleWidth-ScaleWidth1，Height在原来基础上加上ScaleHeight-ScaleHeight1。

1. 实施说明

为了保留任务3.4的工作文件夹，先复制文件夹"F:\VB\3.4"到本任务的任务文件夹"F:\VB\3.5"。

本程序的功能实现，浏览器对象大小跟随窗体的大小变化，如图3-23所示，当窗体大小调整时，浏览器控件自动调整大小。

图 3-23　大小自适应的浏览器

2. 实施步骤

步骤 1　定义用来记录 FormIE 窗体内部可用区域尺度值的变量

在"FormIE"窗体的代码窗口中的通用段内，添加定义2个变量：

```
Dim ScaleHeight1 As Long  '存放窗体内部可用区域的垂直尺度
Dim scaleWidth1 As Long  '存放窗体内部可用区域的水平尺度
```

步骤 2　在 FormIE 窗体的 Load 事件中初始化变量

等窗体装载成功后，把窗体内部当前可用的水平和垂直尺度首次保存到变量中，供首次调整窗口大小触发Resize事件时使用。

```
Private Sub Form_Load()
    scaleWidth1 = Me.ScaleWidth  '保存窗体内部当前可用的水平尺度
    ScaleHeight1 = Me.ScaleHeight  '保存窗体内部当前可用的垂直尺度
```

'保留其他代码

End Sub

步骤 3 添加 FormIE 窗体的 Resize 事件过程

Private Sub Form_Resize()

Me.WebBrowser1.Width = Me.WebBrowser1.Width + Me.ScaleWidth - ScaleWidth1

Me.WebBrowser1.Height = Me.WebBrowser1.Height + Me.ScaleHeight - ScaleHeight1

scaleWidth1 = Me.ScaleWidth　　　'保存窗体内部当前可用的水平尺度，供下一次调整窗口大

　　　　　　　　　　　　　　　'小，触发Resize事件时使用

ScaleHeight1 = Me.ScaleHeight　　'保存窗体内部当前可用的垂直尺度，供下一次调整窗口大

　　　　　　　　　　　　　　　'小，触发Resize事件时使用

End Sub

步骤 4 测试运行

单击"启动"按钮或按F5启动程序，如图3-22所示。试拖动调整窗体大小，单击窗体的最大化按钮和最小化按钮。

当单击最小化按钮时，会出现对话框提示出错信息"无效属性值"。如图3-24所示，进入调试模式后，监视了表达式"Me.WebBrowser1.Width + Me.ScaleWidth – scaleWidth1"的值为负值，定位了出错原因在于程序试图把一个负值赋值给Width属性，从而导致了错误。

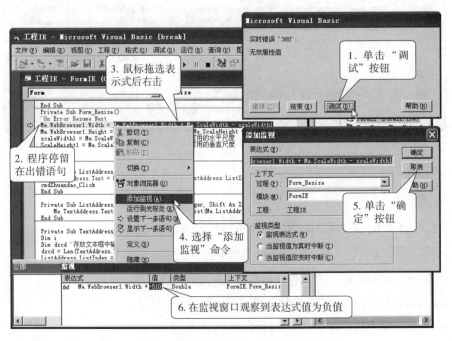

图 3-24 错误调试示意

因此可以结束程序运行，调整相关代码。要解决这一错误可以采用以下方式，在赋值给Width前先判断值是否大于0，可以修改Resize事件过程如下：

Private Sub Form_Resize()

If Me.WebBrowser1.Width + Me.ScaleWidth - scaleWidth1>0 Then

```
            Me.WebBrowser1.Width = Me.WebBrowser1.Width + Me.ScaleWidth - scaleWidth1
        End If
        If Me.WebBrowser1.Height + Me.ScaleHeight - ScaleHeight1>0 Then
            Me.WebBrowser1.Height = Me.WebBrowser1.Height + Me.ScaleHeight - ScaleHeight1
        End If
        scaleWidth1 = Me.ScaleWidth
        ScaleHeight1 = Me.ScaleHeight
    End Sub
```

考虑到本例中Resize事件过程的错误不影响主窗体程序的运行，也可以在Resize事件过程中加入"On Error Resume Next"语句，这样在此过程中当语句运行出错时，继续执行下一语句，忽略错误。

```
    Private Sub Form_Resize()
        On Error Resume Next
        Me.WebBrowser1.Width = Me.WebBrowser1.Width + Me.ScaleWidth - ScaleWidth1
        Me.WebBrowser1.Height = Me.WebBrowser1.Height + Me.ScaleHeight - ScaleHeight1
        ScaleWidth1 = Me.ScaleWidth
        ScaleHeight1 = Me.ScaleHeight
    End Sub
```

步骤 5   保存工程、生成应用程序

单击"文件→工程另存为"菜单命令，保存该工程为"工程3-5.vbp"，再单击"文件→生成工程"菜单命令，打开"生成工程"对话框，在文件名栏中出现"工程3-5.exe"后单击"确定"按钮，生成应用程序"工程3-5.exe"。

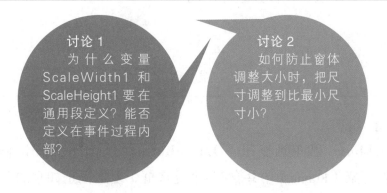

讨论 1
为什么变量ScaleWidth1 和 ScaleHeight1 要在通用段定义？能否定义在事件过程内部？

讨论 2
如何防止窗体调整大小时，把尺寸调整到比最小尺寸小？

练习 1   修改程序，让"转到"按钮始终显示在窗体的右侧。

练习 2   修改程序，让"地址栏"文本框和列表框的宽度也随窗体大小自动适应。

如何实现当"FormIE"窗体大小调整时，所有的控件位置和大小等比缩放，效果如图3-25所示，当按钮缩放时同时缩放按钮上的文字大小。

（a）

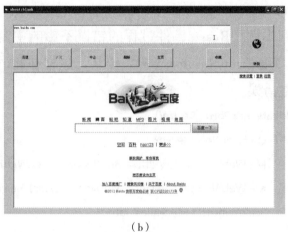
（b）

图 3-25　等比缩放的浏览器

提示：把控件的Left、Top、Width、Height及字体大小均在Form的Load事件中转化成与ScaleWidth和ScaleHeight的比率存储在对应的变量中，当调整窗口后，再按比率设置对应的值。

任务 3.6　给浏览器添加选项设置功能

本任务在任务3.5的基础上，添加"选项设置"子窗体，配置程序的运行参数，学习单选按钮、复选框、滚动条、控件数组等使用。

1. 复选框和单选按钮

复选框（CheckBox）和单选按钮（OptionButton）是比较常用的两个基本控件，在图3-26中，工具栏框架（Frame）中共含有4个复选框，复选框正如它的名称所表明的那样，可以同时选择多项。

单选按钮则只能在一组选项中选择其中一项，选择其中一项后，原来选中的自动取消，如图3-26"多信息文本"选项卡中的自动换行框架所示。建立单选按钮组的方法是，先在窗体上建立一个容器（如Frame），然后在容器上依次添加单选按钮，这样在同一容器中的单选按钮组成一个组。

图 3-26　写字板的"选项"对话框

复选框状态由其属性Value的值决定，0表示未选定，1表示选定，2表示灰色不可用。

单选按钮的状态也由其属性Value的值决定，True表示选定，False表示未选定，一组单选按钮中只能有一个按钮的Value值是True。

2. 滚动条

滚动条分垂直滚动条（HScrollBar）和水平滚动条（VScrollBar），通常使用滚动条作为数量或速度的指示器，或者作为输入设备时，可以利用 Max 和 Min 属性设置指示值的变化范围。

如图3-27所示，在单击滚动条时要使用 LargeChange 属性值，在单击滚动条两端的箭头时，要使用 SmallChange 属性值。滚动条的 Value 属性或递增或递减，增减的量是通过 LargeChange 和 SmallChange 属性设置的值。VaLue值的取值范围为 0～32 767。滚动条最常用的事件是Change，当Value变化时触发。

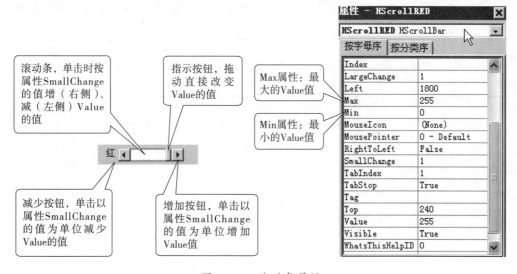

图 3-27　滚动条属性

3. 时钟

时钟（Timer）控件，是一个运行时不可见的控件，可用来每隔一定的时间间隔来触发一次Timer事件，执行一次事件过程。

（1）属性。

Enabled：为True时，控件可用；为False时，控件不可用，即不再触发Timer事件。

Interval：设定时钟控件的Timer事件触发的时间间隔，单位为ms。

（2）事件。

Timer：每隔Interval属性指定的毫秒数触发一次Timer事件。

了解Timer控件的详细信息，查看联机帮助的"使用 Timer 控件"。

4. RGB 函数

RGB颜色值函数，返回一个Long类型的整数，可以复制给对象的背景色(BackColor)、前景色(ForeColor)。

语法：RGB(red, green, blue)

参数描述：

red：必要参数；Variant (Integer)；数值范围0～255，表示颜色的红色成分。

green：必要参数；Variant (Integer) ；数值范围0～255，表示颜色的绿色成分。

blue：必要参数；Variant (Integer) ；数值范围0～255，表示颜色的蓝色成分。

返回值：用参数指定的红、绿、蓝三原色的相对亮度，生成一个用于显示的特定颜色。表3-8是常用标准颜色的三原色值。

表 3-8　RGB 颜色示列

颜色	红色值	绿色值	蓝色值
黑色	0	0	0
蓝色	0	0	255
绿色	0	255	0
青色	0	255	255
红色	255	0	0
洋红色	255	0	255
黄色	255	255	0
白色	255	255	255

1. 实施说明

为了保留任务3.5的工作文件夹，先复制文件夹"F:\VB\3.5"到本任务的任务文件夹"F:\VB\3.6"。

本程序的功能实现，如图3-28所示，双击主窗体的空白处，打开"选项设置"子窗体。

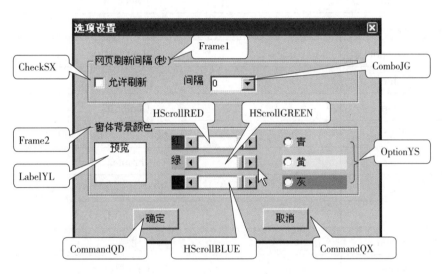

图 3-28　"选项设置"窗体界面

（1）允许网页自动刷新，勾选"CheckSX"复选框，从"ComboJG"组合列表框中输入或选择刷新的时间间隔。

（2）设置主窗体的背景颜色，通过拖动红、绿、蓝三个水平滚动，或者选择单选按钮控件组（OptionYS）中预设的颜色。即将设置的背景颜色，作为LabelYL标签的背景色进行预览。

（3）单击"确定"按钮，更新主窗体的背景色和定时器事件；单击"取消"按钮，直接退出，不作更改。

（4）浏览器对象大小跟随窗体的大小变化。

2. 实施步骤

步骤 1　添加"选项设置"窗体"FormXXSZ"及控件

单击"工程→添加窗体"菜单命令，打开"添加窗体"对话框，添加窗体，如图3-28所示，并按顺序依次添加布局窗体上的控件，设置相关属性如表3-9所示。

表 3-9 "选项设置"窗体及相关控件设置

对　　象	属性名称	属　性　值
窗体	Name	FormXXSZ
	Caption	选项设置
	BorderStyle	4–Fixed ToolWindow
	StartUpPosition	2–屏幕中心
框架	Name	Frame1
	Caption	网页刷新间隔（秒）
复选框	Name	CheckSX
	Caption	允许刷新
	Alignment	0–Left Justify
	Value	0
组合框	Name	ComboJG
	List	30，60，120，180，300
框架	Name	Frame2
	Caption	窗体背景颜色
标签1	Name	LableYL
	Caption	预览
标签2	Name	LableRed
	Caption	红
标签3	Name	LableGreen
	Caption	绿
标签4	Name	LableBlue
	Caption	蓝
单选按钮1	Name	OptionYS(0)
	Caption	青
单选按钮2	Name	OptionYS(1)
	Caption	黄
单选按钮3	Name	OptionYS(2)
	Caption	灰
按钮1	Name	CommandQD
	Caption	确定

续表

对　象	属性名称	属　性　值
按钮2	Name	CommandQX
	Caption	取消
滚动条1	Name	HScrollRED
滚动条2	Name	HScrollGREEN
滚动条3	Name	HScrollBLUE

说明：

（1）在框架中添加控件后，这些控件形成一个组，移动框架时，其里面的控件也会移动。

（2）在组合列表框的List属性中可以输入初始数据，输入时按组合键"Ctrl+Enter"换行可以接着输入新的数据项。

（3）在框架中的单选按钮会自动认为是一个组，并且本例中用控件数组的形式出现，创建控件数组的方法如下：先单独绘制3个独立的单项按钮，名称自动为Option1、Option2、Option3；然后把Option1改名为OptionYS，在把Option2改名为OptionYS时，系统会提示是否创新控件数组，如图3-29所示，选择"是"按钮，这样原来的Option1被自动表示为OptionYS(0)，Option2被自动表示为OptionYS(1)；在把Option3改名为OptionYS时，系统会自动表示为OptionYS(2)，3个单项按钮共用同样名字"Option"，形成控件数组，分别用Option(0)、Option(1)、Option(2)来表示。

图 3-29　提示创建控件数组

可见，创建控件数组的一种方法是把同类控件的名称改成相同。

步骤2　编写"选项设置"窗体"FormXXSZ"的相关事件过程

（1）Form_Load事件。根据主窗体的状态，初始化子窗体的界面。

```
Private Sub Form_Load()
    Me.CheckSX.Value = FormIE.TimerSX.Enabled
    '把FormIE主窗体中的时钟可用状态赋值给CheckSX复选框
    Me.LabelYL.BackColor = FormIE.BackColor
    '把FormIE主窗体中的背景色赋值给LabelYL的背景色
```

```
            Me.ComboJG.Text = FormIE.iSXJG
            '把FormIE主窗体中的定时器的间隔值赋给ComboJG.Text
        End Sub
```

（2）CommandQD_Click事件。根据子窗体的设置，更新主窗体中的背景色和时钟控件。

```
    Private Sub CommandQD_Click()
        FormIE.TimerSX.Enabled = Me.CheckSX.Value    '更新主窗体时钟的可用状态
        FormIE.BackColor = Me.LabelYL.BackColor    '设置主窗体的背景颜色与预览标签同
        FormIE.iSXJG = Val(Me.ComboJG.Text)    '更新FormIE主窗体中的时钟间隔值变量
        FormIE.iJS = FormIE.iSXJG    '初始化时间计时变量
        Me.Hide    '隐藏选项设置窗体
    End Sub
```

变量iSXJG和iJS在FormIE窗体的通用段中用Public定义为公有变量，这样在其他窗体中才能通过FormIE.iSXJG访问，否则将产生运行时错误。

（3）HScrollRED_Change事件。

```
    Private Sub HScrollRED_Change()
        Me.LabelYL.BackColor = RGB(HScrollRED.Value, HScrollGREEN.Value, HScrollBLUE.Value)
        '更新预览标签的背景颜色
        Me.LabelRed.BackColor = RGB(HScrollRED.Value, 0, 0)    '更新红色标签的背景颜色
    End Sub
```

（4）HScrollGREEN_Change事件。

```
    Private Sub HScrollGREEN_Change()
        Me.LabelYL.BackColor = RGB(HScrollRED.Value, HScrollGREEN.Value, HScrollBLUE.Value)
        '更新预览标签的背景颜色
        Me.LabelGreen.BackColor = RGB(0, HScrollGREEN.Value, 0)    '更新绿色标签的背景颜色
    End Sub
```

（5）HScrollRED_Change事件。

```
    Private Sub HScrollBLUE_Change()
        Me.LabelYL.BackColor = RGB(HScrollRED.Value, HScrollGREEN.Value, HScrollBLUE.Value)
        '更新预览标签的背景颜色
        Me.LabelBlue.BackColor = RGB(0, 0, HScrollBLUE.Value)    '更新蓝色标签的背景颜色
    End Sub
```

（6）CommandQX_Click事件。

```
    Private Sub CommandQX_Click()
        Me.Hide '隐藏选项设置窗体
    End Sub
```

（7）OptionYS_Click事件。

Private Sub OptionYS_Click(Index As Integer)

  Me.LabelYL.BackColor = OptionYS(Index).BackColor

  '更新背景颜色预览，把所点击选项的背景颜色赋值给预览标签

End Sub

此事件为控件数组事件，Index参数表明发生此事件的控件是OptionYS(Index)。因此只需要把控件的背景色赋值给预览标签。

步骤 3　在主窗体 FormIE 中添加时钟控件对象

从工具箱中选择时钟控件，在窗体的任意空白位置绘制一个时钟对象，并按表3–10所示设置属性。时钟可用时，每隔1 000 ms（即1 s）触发一次Timer事件。

表 3–10　时钟控件设置

对象	属性名称	属 性 值
时钟	Name	TimerSX
	Enabled	False
	Interval	1 000

步骤 4　在主窗体 FormIE 的代码窗体的通用段定义变量

在代码窗体的通用段里添加下列语句。

  Public iSXJG As Integer, iJS As Integer

定义2个整型变量，iSXJG存放刷新的间隔秒数，iJS存放倒计时数。因为这2个变量除了在FormIE窗体的时钟Timer事件中使用，还要在FormXXSZ窗体中用到，因此用Public定义，这样在其他窗体中使用这2个变量时可以采用"FormIE.iSXJG"和"FormIE.iJS"引用即可，这样可以实现窗体间变量的共享。

步骤 5　在主窗体 FormIE 中的时钟 Timer 事件过程

因为TimerSX的Interval设置为1 000，所以每隔1 s触发运用1次Timer事件过程。

Private Sub TimerSX_Timer()

  iJS = iJS – 1 'iJS中存放这倒计时的秒数，运行1次Timer事件过程，减1 s

  If iJS = 0 Then '倒计时变量的值为0时，刷新页面

    Me.WebBrowser1.Refresh2 '刷新当前打开的页面

  iJS = iSXJG '把倒计时值赋给倒计时变量，准备下一轮计时

  End If

End Sub

步骤 6　添加主窗体 FormIE 中的 DBClick 事件过程

实现鼠标双击窗体的空白处时，显示"选项设置"窗体。

Private Sub Form_DblClick()

    FormXXSZ.Show vbModal   '显示"选项设置"窗体

  End Sub

步骤 7 测试运行

单击"启动"按钮或按F5，启动程序。

测试1：双击窗体的空白处，打开"选项设置"窗体，选择窗体背景颜色，单击"确定"按钮。

测试2：打开百度主页，打开"选项设置"窗体，勾选允许刷新，设置间隔为10 s，单击确定按钮。

步骤 8 保存工程、生成应用程序

单击"文件→工程另存为"菜单命令，保存该工程为"工程3-6.vbp"，再单击"文件→生成工程"菜单命令打开"生成工程"对话框，在文件名栏中出现"工程3-6.exe"后单击"确定"按钮，生成应用程序"工程3-6.exe"。

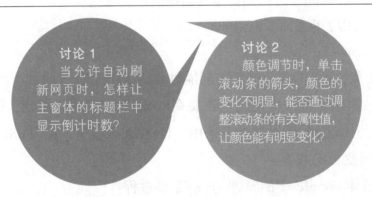

讨论 1
当允许自动刷新网页时，怎样让主窗体的标题栏中显示倒计时数？

讨论 2
颜色调节时，单击滚动条的箭头，颜色的变化不明显，能否通过调整滚动条的有关属性值，让颜色能有明显变化？

练习 1 给程序增加功能，用户可以自己设置选项，决定是否允许收藏网址。

提示：通过选项设置，决定隐藏或显示"收藏"按钮。

练习 2 增加"选项设置"窗体中的"Option单选按钮组"的颜色，方便快速选择。

练习 3 程序中的定时器采用的是倒计时方式，试把计时方式改成顺计时方式。

（1）保存选项。此任务完成的程序不能保存程序的选项设置，如果调整了窗体的背景颜

色，这种背景色也是用户喜欢的，但是当程序退出后重新启动，背景色还是变成了原来的默认颜色。有没有办法当程序再次启动时，能够自动显示上次退出时的背景颜色。

提示：用文件保存设置，把背景色的R、G、B三个分量，是否允许刷新以及刷新间隔值写入文件。

参考文本文件存储格式：

第1行：255,200,0

第2行：1,30

第1行存储的数据理解为，背景颜色值的三个分量R、G、B分别为255，200，0。

第2行存储的数据理解为，允许刷新（1），刷新间隔时间 30 s。

（2）理解变量的作用范围。变量的使用范围由其定义时确定，在使用范围外不能使用该变量。

用Dim语句或Static定义在窗体过程（事件过程、通用过程）中的变量只能在定义它的过程中使用，这类变量称为过程级变量。Dim定义的变量在退出过程时自动消失，而Static定义的变量在退出过程是继续存在，在下次运行该过程时继续保留着原有的值。

用Dim或Private语句定义在窗体通用段中的变量，可以在该窗体的所有代码中使用，这类变量称为窗体/模块变量。

用Public语句定义在窗体通用段中的变量，可以在该窗体的所有代码中使用，也可以在其他窗体/模块的代码中使用，此时这类变量成公有（全局）变量，这类变量类似于窗体的属性，可以在程序的任意代码中像使用窗体属性那样使用变量，如"FormIE.iJS"。

由于VB中运行默认允许变量未经定义可以使用，这样容易导致潜在的错误，如在FormXXSZ中的CommandQD_Click()事件过程中，以下语句的功能是把"选项设置"窗体中设定的时间间隔值赋值给主窗体中的时钟间隔值变量。

        FormIE.iSXJG = Val(Me.ComboJG.Text)

如果把语句改成：

        iSXJG = Val(Me.ComboJG.Text)

程序不会有任何错误信息提示，但没有实现预想的功能，语句执行不会影响FormIE.iSXJG变量的值，因为这时的iSXJG被默认理解为只能在CommandQD_Click()事件过程中使用的过程级临时变量。

所以在程序设计时，变量使用要遵循先定义后使用的原则，VB中可以在窗体的通用段中加入Option Explicit语句，这样未定义的变量在编译运行时，系统会提示"变量未定义"。从而避免潜在的逻辑错误风险。

了解有关变量的详细信息，查看联机帮助的"高级变量主题"。

任务 3.7 给浏览器添加菜单栏

本任务在任务3.6的基础上，给主窗体添加下拉式菜单，给收藏子窗体添加弹出式快捷菜单，增加用菜单命令使用程序的功能，学习菜单编辑器和菜单的使用。

1. 菜单编辑器

Windows应用程序中的菜单分下拉式菜单和弹出式菜单，下拉式菜单是最常见的菜单，通常以菜单栏的形式出现在窗口上方。弹出式（又称快捷菜单）是一种可以在窗体上任何位置显示的菜单，通常与控件的鼠标右击事件关联。

下拉式菜单和弹出式菜单均在窗体的菜单编辑器中可以创建设计，如图3-30所示。

图 3-30 菜单编辑器界面

打开菜单编辑器前，需要先打开窗体，然后通过"工具→菜单编辑器"菜单命令或在窗体的空白处右击，从快捷菜单中选择"菜单编辑器"命令。

（1）标题（Caption）。标题文本框内输入文本，实际上就是设置菜单对象的Caption属性。该属性可以在程序运行时动态修改。

标题中可以设置热键，在菜单的标题中的某半角字符前面加上&，该字符就是菜单项的热键，按Alt+字符可打开菜单。

菜单分隔：如果并列的菜单项较多，可以在标题文本框中只输入"–"实现在菜单项之间增加分隔条。

（2）名称（Name）。菜单项目的名称，即Name属性，保证唯一性，必须填写，如图3-30所示，单击菜单项"刷新"，将触发事件"mSX_Click"。

（3）索引（Index）。用于控件数组，输入控件元素的下标，就是控件的Index属性。把名称相同的菜单作为控件数组来使用。

（4）快捷键（Shortcut）。为菜单项设置一个快捷键，如果要删除所指定的快捷键，可选取"None"项。图3-30中刷新菜单的快捷键为F5。

（5）复选（Check）。设置菜单控件的Check属性。当该属性为True（即复选框中出现√）时，则在该菜单控件前面显示复选标记"√"。属性True不能使用于菜单标题（一级菜单）。

（6）有效（Enabled）。该复选框用来设置菜单控件的Enabled属性。当该属性值为False时，菜单将失效不可用。

（7）可见（Visible）。该复选框用来设置菜单控件的Visible属性。当该属性值为False时，菜单就会隐藏。

（8）菜单项管理。通过"下一个"按钮，可以选择当前菜单项；通过"插入"按钮在当前菜单项前插入空白菜单项；通过"删除"按钮删除当前选择的菜单项。

通过"➡"和"⬅"按钮来改变菜单的层次，"➡"将菜单降低一层，即如果原来是菜单标题（一级菜单）的话。降低后则变为菜单选项（二级菜单），降低后在控件前出现"…"符号。每单击一次降低一层。"⬅"的作用正好与此相反。"⬆"和"⬇"两个按钮是用于调整改变菜单项的显示顺序。

2. 菜单显示

下拉式菜单（一级菜单）会自动在窗体运行时显示，单击一级菜单会自动显示其下的二级菜单。程序运行时，不想显示或禁用某菜单项可以通过设置该菜单项的Visible和Enable属性，菜单项的标题Caption也可以修改。

弹出式菜单必须要有下级菜单，并且该菜单项的Visible属性通常设置为False，否则会作为下拉菜单的一部分直接显示在窗体中。

函数PopupMenu用来显示弹出式菜单，通常在对象的MouseUp事件中调用，格式为：

```
PopupMenu Menuname, Flags, X, Y, Boldcommand
```

PopupMenu 方法的语法包含下列部分：

Menuname 必需的。要显示的弹出式菜单名。指定的菜单必须含有至少一个子菜单。

Flags 可选的。一个数值或常数，按照下列设置中的描述，用以指定弹出式菜单的位置和行为。缺省值为0，仅当使用鼠标左键时，弹出式菜单中的项目才响应鼠标单击。设置为2，则不论使用鼠标右键还是左键，弹出式菜单中的项目都响应鼠标单击。

X 可选的。指定显示弹出式菜单的 x 坐标。如果该参数省略，则使用鼠标当前的坐标。

Y 可选的。指定显示弹出式菜单的 y 坐标。如果该参数省略，则使用鼠标当前的坐标。

Boldcommand 可选的。指定弹出式菜单中的菜单控件的名字，用以显示其黑体正文标题。如果该参数省略，则弹出式菜单中没有以黑体字出现的控件。

当鼠标右击窗体的空白处，显示弹出式菜单的Form_MouseUp事件过程如下：

```
Private Sub Form_MouseUp (Button As Integer, Shift As Integer, X As Single, Y As Single)
    If Button = 2 Then    '检查是否单击了鼠标右键，值2为右键，1为左键。
        PopupMenu mXT    '把名为mXT的菜单显示为一个弹出式菜单。
    End If
End Sub
```

关于菜单的更多知识，查看联机帮助的"菜单基础"栏目。

1. 实施说明

为了保留任务3.6的工作文件夹，先复制文件夹"F:\VB\3.6"到本任务的任务文件夹"F:\VB\3.7"。

本程序给主窗体添加了下拉式菜单，给收藏夹窗体添加了弹出式菜单，如图3-31所示。

图 3-31　下拉式菜单和弹出式菜单名称

功能：

（1）单击"关于"菜单打开"FormAbout"窗体，显示程序信息。单击"系统→收藏"菜单命令，打开"收藏夹"窗体；单击"系统→设置"菜单命令，打开"系统设置"窗体；单击"系统→退出系统"菜单命令，关闭程序。

（2）在收藏夹窗体的网址列表框中，选中项目，右键单击，可以从弹出式菜单中选择"删除"命令从列表框中去除该项，选择"添加"命令则可以编辑新的网址及说明，单击"保存"按钮完成添加。

2. 实施步骤

步骤 1　给主窗体添加下拉式菜单

如图3-32所示，先在设计窗口中打开窗体"FormIE"，再用"工具→菜单编辑器"菜单命令打开该窗体的菜单编辑器，按表3-11所示，创建2个一级菜单，3个二级菜单（系统菜单的子菜单）。

图 3-32　主窗体添加下拉式菜单

表3-11　"FormIE"窗体的菜单设置

属性名称	Name（名称）	Caption（标题）	复选	有效	可见
一级菜单	mXT	系统	0	1	1
	mGY	关于	0	1	1
二级菜单	mSC	收藏	0	1	1
	mSZ	设置	0	1	1
	mTCXT	退出系统	0	1	1

步骤 2　添加主窗体的菜单单击事件代码

在FormIE的代码窗体内分别选择菜单对象 mSC、mSZ、mTCXT、mGY的Click事件过程，分别添加代码：

（1）添加mSC_Click事件。

> **Private Sub mSC_Click()**
>
> > FormSC.Show vbModal　'显示收藏窗体
>
> **End Sub**

（2）添加mSC_Click事件。

> **Private Sub mSZ_Click()**
>
> > FormXXSZ.Show vbModal　'显示设置窗体
>
> **End Sub**

（3）添加mTCXT_Click事件。

> **Private Sub mTCXT_Click()**
>
> > End '关闭窗体，结束程序，VB中运行到End语句，立即结束程序运行。
>
> **End Sub**

（4）添加mGY_Click事件。

> **Private Sub mGY_Click()**
>
> > MsgBox "版本1.0,作者主页:http://t.qq.com/easychina", vbOKOnly + vbInformation,
> >
> > "关于简易浏览"
>
> **End Sub**

按F5运行程序，测试验证菜单项的功能。

步骤 3　给 FormSC 子窗体添加弹出式菜单

如图3-33所示，先在设计窗口中打开窗体"FomSC"，再用"工具→菜单编辑器"菜单命令打开该窗体的菜单编辑器，按表3-12所示，创建1个一级菜单，2个二级菜单（工具菜单的子菜单）。

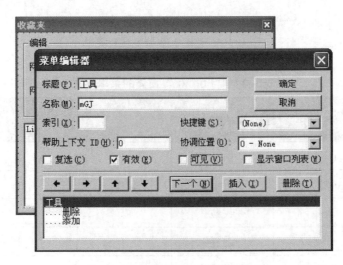

图 3-33　子窗体添加弹出式菜单

表 3-12 FormSC 窗体的 ListSC 列表框的弹出式菜单设置

属性名称	Name(名称)	Caption(标题)	复选	有效	可见
一级菜单	mGJ	系统	0	1	0
二级菜单	mShanChu	删除	0	1	1
	mTianJia	添加	0	1	1

作为弹出式菜单使用时，mGJ菜单默认的可见属性为0，否则将在运行时直接出现在窗体中。

步骤 4　添加和修改 FormSC 窗体的事件代码

（1）添加ListSC_MouseUp事件代码。

```
Private Sub ListSC_MouseUp(Button As Integer, Shift As Integer, X As Single, Y As Single)
    If Button = 2 Then    'Button值为2表示单击的是右键
        If ListSC.ListIndex = –1 Then
            Me.mShanChu.Enabled = False    '如果当前没有选中的项，则删除菜单不可用，变为灰色
        Else
            Me.mShanChu.Enabled = True    '当前有选中的项，删除菜单可以
            Me.mShanChu.Caption = "删除:" + ListSC.List(ListSC.ListIndex)
            '把删除菜单的标题修改包含删除项的名称
        End If
        PopupMenu mGJ, 2 '用PopupMenu  在鼠标当前位置弹出mGJ菜单，供用户选择菜单命令
    End If
End Sub
```

（2）添加mShanChu_Click事件代码。

```
Private Sub mShanChu_Click()
    Me.ListSC.RemoveItem (ListSC.ListIndex)    '删除当前选择的项目
End Sub
```

（3）添加mTianJia_Click事件代码。

```
Private Sub mTianJia_Click()
    Me.ListSC.ListIndex = –1   '设置当前列表框为没有选中的项，此语句触发ListSC_Click事件，导致
                               '运行错误，需要修改该事件代码
    Me.TextWZ = "请输入网址"   '初始化网址和网站名称文本框
    Me.TextWZMC = "请输入名称"
End Sub
```

步骤 5　调试 FormSC 窗体的 ListSC_Click 事件代码错误

按F5运行程序，进行调试，如图3-34所示，打开"收藏夹"窗体，在网址列表框右击时，如果没有选中的项目，打开弹出式菜单中"删除"命令灰色不可用，此时可以顺利添

加项目。如果有选中的项目，此时可以删除项目，但在选择"添加"命令时，程序出现"无效的过程调用或参数"。单击"调试"按钮，程序停止在ListSC_Click事件中，把光标移到ListSC.ListIndex属性上时，热点提示"ListSC.ListIndex=-1"，表明发生此ListSC_Click事件时，列表框中没有选中的项，因此str=ListSC.List(ListSC.ListIndex) 语句执行的结果是str为空字符串，接着i = InStr(str, ",")语句执行的结果是i为0，所以导致strWZ = Left(str, i −1)语句执行时，Left函数的实际参数是Left("", -1)，-1显示是无效的参数。此事件并非由鼠标单击产生，而是由mTianJia_Click事件过程中的Me.ListSC.ListIndex =-1语句触发。

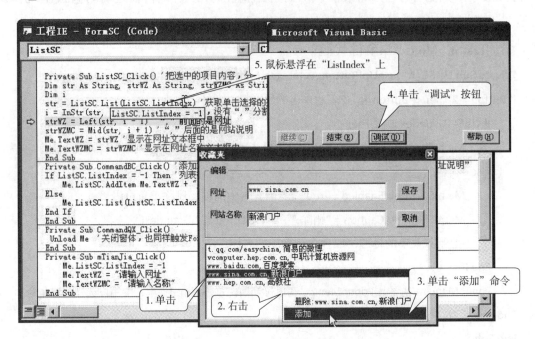

图 3-34　调试 ListSC_Click 事件代码

要解决这个错误，可以在分解列表框中网址信息之前添加一个If语句，判断ListSC.ListIndex 的值是否大于-1（即没有选中的项），是的话再分解网址串。

修改后的ListSC_Click事件代码：

```
Private Sub ListSC_Click()    '把选中的项目内容，分解后显示在文本框中
Dim str As String, strWZ As String, strWZMC As String
Dim i
If ListSC.ListIndex>-1 Then    '判断是否有选中的项目
    str = ListSC.List(ListSC.ListIndex)    '获取单击选择的列表框
    i = InStr(str, ",")    '获取","的位置，没有","分割的数据内容是不符合存储格式的，下列
                            '代码将出错
    strWZ = Left(str, i —1)         '","前面的是网址
    strWZMC = Mid(str, i + 1)       '","后面的是网站说明
    Me.TextWZ = strWZ              '显示在网址文本框中
    Me.TextWZMC = strWZMC         '显示在网址名称文本框中
```

End If

End Sub

步骤 6　测试运行

单击"启动"按钮或按 F5，启动程序。

步骤 7　保存工程、生成应用程序

单击"文件→工程另存为"菜单命令，保存该工程为"工程3-7.vbp"，再单击"文件→生成工程"菜单命令打开"生成工程"对话框，在文件名栏中出现"工程3-7.exe"后单击确定按钮，生成应用程序"工程3-7.exe"。

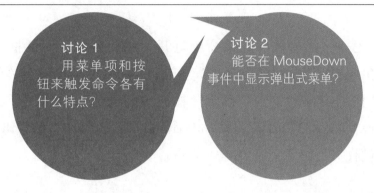

练习 1　修改 mShanChu_Click 事件代码，从弹出式菜单选择删除项时，提示用户确认是否删除，避免误操作。

练习 2　修改"FormIE"窗体的下拉菜单，如图 3-35 所示添加一个一级下拉菜单，并修改菜单的单击事件过程，实现与工具按钮相对应的功能。

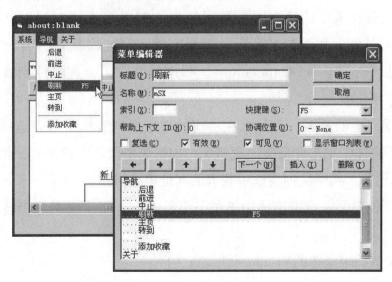

图 3-35　添加菜单项

提示：菜单的分隔栏的标题为"-"；"刷新"菜单项在设计时指定了快捷键F5。

练习3 修改 mGY_Click 事件代码过程，如图 3-36 所示，实现单击"关于"菜单时显示一个"关于"窗体，简单介绍本软件。

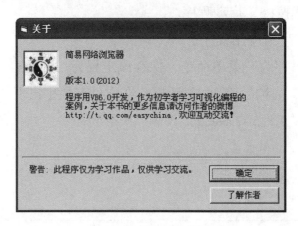

图 3-36 "关于"窗体

提示：用"工程→添加窗体"菜单命令打开"添加窗体"对话框，选择"关于对话框"，系统会自动生成上图布局的窗体，修改控件的属性，清除该窗体的所有默认的事件代码，再手工添加代码实现，单击"确定"按钮关闭窗体，单击"了解作者"按钮调用 FormIE.WebBrowser1.Navigate2 "http://t.qq.com/easychina"，访问作者的腾讯微博http://t.qq.com/easychina，可以通过收听与作者交流VB学习心得。

（1）代码分析与逻辑优化。本任务的步骤5中，通过在分解列表框中网址信息之前添加一个If语句，判断有选中的项时再分解网址串，解决了运行时错误。其实这段代码仍然有运行出错的可能性，如图3-37所示，如果文件"网址收藏.txt"中用户手工添加了不符合格式要求的网址，如"www.tom.com"，行中没有"，"，这时在列表框中单击该项时会出错。

分析思考错误产生的原因，为什么在主窗的地址栏列表框中可以选择"www.tom.com"项，但在收藏夹子窗体中单击此项会出现错误？如何调整代码，解决这一错误。

提示：增加If语句，判断从列表框中获取的网址串的格式。

（2）增加选项设置。在设置窗体中增加一个复选框，用于决定是否显示/隐藏系统的下拉式菜单。

提示：把相关的一级菜单的Visible属性设置为False。

图 3-37　代码分析与逻辑优化

任务 3.8　给浏览器添加工具栏和状态栏

本任务在任务3.7的基础上，给主窗体添加状态栏，把独立的命令按钮用工具栏按钮代替。

状态栏和工具栏不是VB自带的控件，需要用"工程→部件"菜单命令，添加包含这2个控件的系统公共控件库"Microsoft Windows Common Control 6.0"。添加此控件库后会在工具箱中自动添加9个控件，如图3-38所示。

在窗体中添加工具栏、状态栏控件的方法与添加其他标准控件一样，选中后在窗体中绘制即可，与其他控件不同的是，状态栏控件自动显示在窗体底部，工具栏控件自动显示在菜单栏下面。图像列表控件通常配合工具栏等控件使用，可以在其中预先装入一组图片。

1. 状态栏

通常在Windows应用程序主窗体的底部有一个状态栏，如图3-39所示，用于显示程序执行时的一些状态和信息，如当鼠标移动到菜单、按钮上时，在状态栏中提示相应的功能，当浏览器访问网页时在状态栏中显示网址，也可以在状态栏中显示系统日期时间。

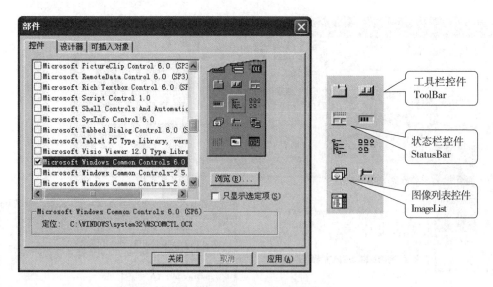

图 3-38　Windows 公共控件库

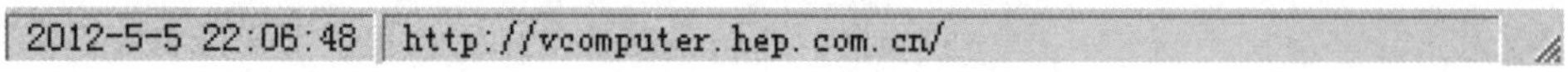

2012-5-5 22:06:48 | http://vcomputer.hep.com.cn/

图 3-39　状态栏

　　状态栏还可以分隔成若干面板窗格（Panel），组成窗格控件数组（Panels），图3-39所示的状态栏，分2个面板窗格，设计时可以在状态栏"属性"对话框的窗体选项卡中，用"插入窗格"命令添加面板窗格，也可以在程序运行时添加或删除窗格。

　　在设计时，右击状态栏，可以从弹出式菜单中选择"属性"打开"属性页"对话框。图3-40中，显示的是图3-39所示的第2个窗格的属性。这个AutoSize属性为"1-sbrSpring"，表示该窗格右侧扩充到下一个窗格或状态条末尾；而第1个显示日期时间的窗格的AutoSize属性为"2-sbrContent"，表示根据内容来自动调整窗格大小；窗格默认的Autosize属性为"0-sbrNoAutosize"，表示窗格大小固定。修改后单击"应用"按钮可以查看状态栏静态效果。

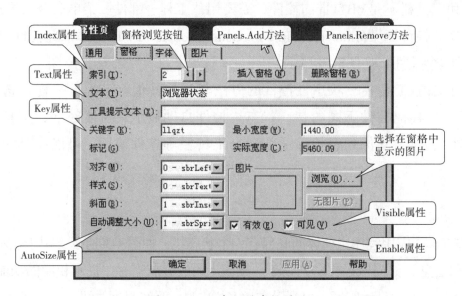

图 3-40　状态栏的窗格属性

要如图3-39所示，在第2个窗格中显示网址"http://vcomputer.hep.com.cn"，只需要把此网址赋值给第2个窗格的Text属性。假设状态栏的名称在设计时指定为"StatusBar1"，则可以用语句：

StatusBar1.Panels(2).Text="http://vcomputer.hep.com.cn"

或

StatusBar1.Panels("llqzt").Text="http://vcomputer.hep.com.cn"

前者用Index属性来指定窗格，后者用Key属性来指定窗格，通常用Key属性指定窗格，这样程序的可读性增加，也便于动态管理窗格，避免窗格数量动态调整后出现意外的错误。

2.　工具栏

工具栏通常在Windows应用程序主窗体的菜单栏下面，如图3-41所示，也可以浮动工具窗口的形式出现，主要用于把一组工具相关的按钮集中在一起，方便用户使用。图3-41的工具栏包含7个工具按钮和3个分割按钮。

图 3-41　工具栏

工具栏如果需要使用图片效果，需要配合图像列表控件，预先载入在工具栏中需要使用的图片。图3-42展示的是本任务中用到的图像列表控件对象（ImageList1），右击图像列表框控件可以打开"属性页"对话框，在"图像"选项卡中插入、删除图片，关键是要设置关键字，以便在工具按钮中指定相应的图片。单击图像可以修改该图像的关键字，图中设置第5号图像"转到"图像的关键字为"zd"。

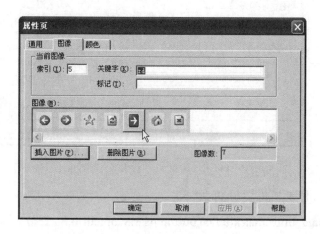

图 3-42　图像列表控件属性页

设置工具栏的整体外观，可以右击工具栏，选择"属性"命令打开它的"通用"属性选项卡，进行相应设置。图3-43中设置"1-tbrFlat"样式，工具栏整体效果如图3-41所示。

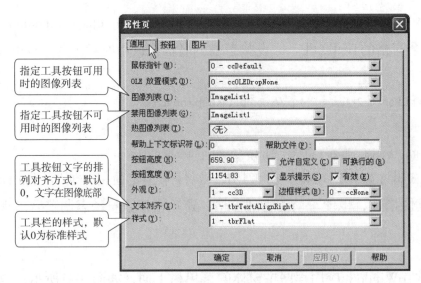

图 3-43　工具栏的"通用"选项卡

工具栏的按钮控件数组可在它的"按钮"属性选项卡中设置，如图3-44所示设置了索引号为10的按钮（"转到"按钮）属性，该按钮的关键字设置为"zd"（在单击事件过程中使用），标题属性为"转到"，图像属性为"zd"指定ImageList1（如图3-43所示）中关键字为"zd"的图像（如图3-42所示）。

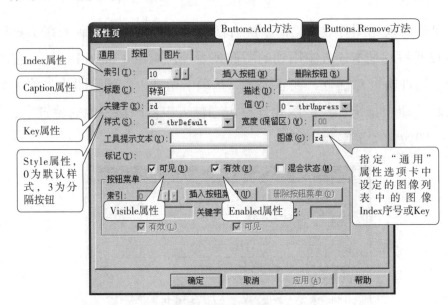

图 3-44　工具栏的"按钮"选项卡

工具栏的单击事件过程，通常处理如下：

```
Private Sub Toolbar1_ButtonClick(ByVal Button As MSComctlLib.Button)
    Select Case Button.Key   '根据按钮的关键词
        Case "zd "   '单击"转到"按钮
            Me.WebBrowser1.Navigate2 Me.TextAddress.Text   '执行相应语句
        Case "ht"   '单击"后退"按钮
```

```
    …

    End Select

End Sub
```

1. 实施说明

为了保留任务3.7的工作文件夹，先复制文件夹"F:\VB\3.7"到本任务的任务文件夹"F:\VB\3.8"。

如图3–45所示，本程序给主窗体添加了工具栏和状态栏。

图 3–45　对话框和状态栏的 Key 属性

功能：

（1）通过定时器控件，每隔1 s，在sjrq窗格面板中更新显示当前系统的日期时间。在llqzt窗格面板中显示正在打开的网址信息。

（2）用工具栏代替原先独立的导航按钮。

2. 实施步骤

步骤1　添加 Windows 系统公共控件库

单击"工程→部件"菜单命令，打开"部件"对话框。添加包含工具栏和状态栏2个控件的系统公共控件库"Microsoft Windows Common Control 6.0"。

步骤 2　添加状态栏

在设计窗口中打开"FormIE"窗体，从工具箱中选择状态栏控件，在窗体中绘制状态栏，并按表3-13所示，设置状态栏中2个窗格面板的属性，其他属性按默认值。

表3-13　"FormIE"窗体的状态栏属性设置

窗 格 属 性	第 1 个窗格	第 2 个窗格
Index（索引）	1	2
Text（名称）	时间日期	浏览器状态
Key（关键字）	sjrq	llqzt
AutoSize（自动调整大小）	2-sbrContent	1-sbrSpring

步骤 3　添加定时器控件并添加定时器代码

在"FormIE"窗体中新增一个定时器（Timer）控件，名称为"Timer1"，Interval属性设置为"1 000"，即1 000 ms触发一次定时器的Timer事件，并在FormIE的代码窗体中添加该事件过程代码。

```
Private Sub Timer1_Timer()
    Me.StatusBar1.Panels("sjrq").Text = Date & " " & Time
    '在状态栏的sjrq窗格面板中显示当前系统日期和时间
End Sub
```

按F5运行程序，测试验证程序，可以观察到第1个状态栏窗格中显示"日期时间"，而第2个状态栏窗格中一直显示的是"浏览器状态"。

步骤 4　修改 WebBrowser1 的 BeforeNavigate2 事件过程

在该事件过程中，把当前访问的网址内容显示在状态栏的第2个窗格面板llqzt中。

```
Private Sub WebBrowser1_BeforeNavigate2(ByVal pDisp As Object, URL As Variant, Flags As Variant,
TargetFrameName As Variant, PostData As Variant, Headers As Variant, Cancel As Boolean)
    Me.StatusBar1.Panels("llqzt").Text = URL
End Sub
```

按F5运行程序，测试验证程序，可以观察到当访问网页时，在第2个状态栏窗格中会显示当前访问的网址，如图3-45所示。

步骤 5　给"FormIE"窗体添加图像列表控件

在设计窗口中打开"FormIE"窗体，从工具箱中选择图像列表（ImageList）控件，在窗体中绘制，默认名称为"ImageList1"，右击图像列表，打开属性窗体，如图3-46所示给图像列表插入添加图片。

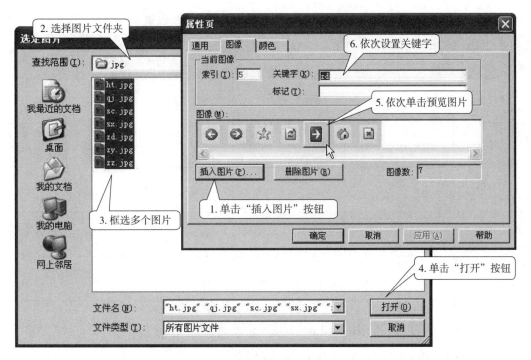

图 3-46 图像列表控件的 Key 属性

图片可以通过截屏工具或PrintScreen键截取Windows系统的IE浏览器的工具栏，在绘图软件中处理制作后，预先存放在某一个文件夹中，图片也可以逐一插入到图像列表中。

图像的关键字按表3-14所示设置。

表3-14 "FormIE"窗体的图像列表（ImageList1）图像设置

按钮属性	第 1	第 2	第 3	第 4	第 5	第 6	第 7
Index（索引）	1	2	3	4	5	6	7
Images（图像）	←	→	✕	↻	⌂	☆	→
Key（关键字）	ht	qj	zz	sx	zy	sc	zd

步骤6 给"FormIE"窗体添加工具栏

在设计窗口中打开"FormIE"窗体，从工具箱中选择工具栏控件，在窗体中绘制状态栏，如图3-45所示，在工具栏属性的"通用"选项卡中，设置文本对齐属性为"1-tbrTextAlignRight"，设置样式属性为"1-tbrFlat"，设置图像列表和禁用图像列表值均为"ImageList1"。

在"按钮"选项卡中按表3-15所示，插入并设置状态栏中9个按钮的属性，其他属性按默认值。

表3-15 "FormIE"窗体的工具栏属性设置

按钮 属性	第 1	第 2	第 3	第 4	第 5	第 6	第 7	第 8	第 9	第 10
Index （索引）	1	2	3	4	5	6	7	8	9	10
Caption （标题）	后退	前进		中止	刷新	主页		收藏		转到
Key （关键字）	ht	qj		zz	sx	zy		sc		zd
Style （样式）	0	0	3	0	0	0	3	0	3	0
Image （图像）	ht	qj		zz	sx	zy		sc		zd

工具按钮的图像属性值应与ImageList1中的图像关键字对应。

步骤7 添加 Toolbar1 的 ButtonClick 事件过程

根据单击按钮的关键字，来判断所单击的按钮。

```
Private Sub Toolbar1_ButtonClick(ByVal Button As MSComctlLib.Button)
Select Case Button.Key
        Case "ht"    '后退
                Me.WebBrowser1.GoBack
        Case "qj"    '前进
                Me.WebBrowser1.GoForward
        Case "zz"    '中止
                Me.WebBrowser1.Stop
        Case "sx"    '刷新
                Me.WebBrowser1.Refresh2
        Case "zy"    '主页
                Me.WebBrowser1.GoHome
        Case "sc"    '收藏
                FormSC.TextWZ = Me.TextAddress
                FormSC.TextWZMC = "未备注"
                FormSC.Show vbModal
        Case "zd"    '转到
                Me.ListAddress.AddItem Me.TextAddress.Text    '添加地址栏中输入到列表框中
                Me.ListAddress.Visible = False    '隐藏列表框
                Me.WebBrowser1.Navigate2 Me.TextAddress.Text
End Select
```

End Sub

按F5运行程序，测试验证程序，可以发现主窗口的地址栏没有显示等问题，因为被工具栏遮挡了，因此需要重新调整界面布局。

步骤 8 调整 WebBrowser1_CommandStateChange 事件过程

让后退和前进工具按钮根据浏览器状态设置成可用或禁用。

Private Sub WebBrowser1_CommandStateChange(ByVal Command As Long, ByVal Enable As Boolean)

    If (Command = CSC_NAVIGATEBACK) Then   'CSC_NAVIGATEBACK 是一个浏览器控件，定义的常

                                   '量值为2

        cmdHoutui.Enabled = Enable

        Toolbar1.Buttons("ht").Enabled = Enable

    End If

    If (Command = CSC_NAVIGATEFORWARD) Then   'CSC_NAVIGATEFORWARD 是一个浏览器控件，

                                   '定义的常量值为1

        Toolbar1.Buttons("qj").Enabled = Enable

        cmdQianjin.Enabled = Enable

    End If

End Sub

步骤 9 调整 FormIE 的界面布局

把原先"后退"、"前进"等导航按钮的Visible属性均设置为"False"，在运行时不显示。

把TextAddress移到工具栏下方，把ListAddress移到TextAddress下方，调整WebBrowser1宽度与可用区域相同，如图3-47所示。

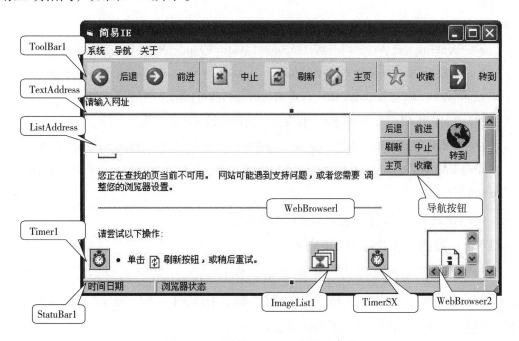

图 3-47 调整 FormIE 的界面布局

　　布局调整时，如果遇到控件置于另一控件底下不能选取时，可以在属性窗口中直接选择控件，设置该控件属性，或把该控件暂时移至顶层进行操作，如图3-48所示，把被WebBrowser1控件遮挡的cmdZhuye按钮移至顶层。

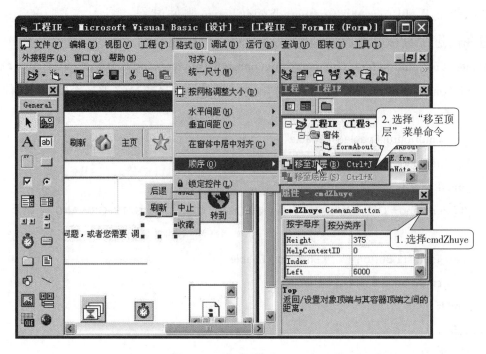

图 3-48　把控件移至顶层

步骤 10　修改 FormIE 窗体的 Resize 事件代码

让WebBrowser1的大小随窗体大小变化，地址栏和地址栏列表框的宽度与WebBrowser1的宽度保持一致。

```
Private Sub Form_Resize()
        Me.WebBrowser1.Width = Me.WebBrowser1.Width + Me.ScaleWidth - ScaleWidth1
        Me.WebBrowser1.Height = Me.WebBrowser1.Height + Me.ScaleHeight - ScaleHeight1
        ScaleWidth1 = Me.ScaleWidth      '保存窗体内部当前可用的水平尺度
        ScaleHeight1 = Me.ScaleHeight    '保存窗体内部当前可用的垂直尺度
        Me.TextAddress.Width = Me.WebBrowser1.Width   '地址栏宽度与WebBrowser1的宽度同
        Me.ListAddress.Width = Me.WebBrowser1.Width   '列表框宽度与WebBrowser1的宽度同
End Sub
```

步骤 11　测试运行、保存工程、生成应用程序

单击"启动"按钮或按F5，启动程序。

单击"文件"→"工程另存为"菜单命令，保存该工程为"工程3-8.vbp"，再单击"文件→生成工程"菜单命令打开"生成工程"对话框，在文件名栏中出现"工程3-8.exe"后单击"确定"按钮，生成应用程序"工程3-8.exe"。

讨论 1
在工具栏的 ButtonClick 事件过程中，是否能用 Button.Index 来判别单击的具体按钮？

讨论 2
程序中能否实现当鼠标置于菜单项上方时，在状态栏的 llqzt 窗格中显示该菜单标题的功能？

练习 1 在状态栏中，新增一个窗格，用于显示一个网页打开的用时。

提示：设置一个日期时间类型的窗体变量，在WebBrowser1_BeforeNavigate2事件中记录开始时间，在WebBrowser1_DocumentComplete事件中结合当前时间，用DateDiff函数计算出两个时间之间的秒数差。

函数DateDiff("s",time1, time2)返回，time2和time1之间的秒数差。

练习 2 图 3-45 中，"前进"按钮不可用时，按钮的文字变成了灰色，但按钮图片还是和可用时的一样，请新建一个 ImageList，实现当按钮不可用时图片也呈现灰色的效果。

提示：制作"后退"和"前进"按钮的灰色图像（可以用绘图工具把ht.jpg和qj.jpg的颜色变成灰色，另存为ht1.jpg和qj1.jpg），和其他的按钮图片一起添加到ImageList2，设置图像的关键字同ImageList1。把工具栏的禁用图像列表选择为ImageList2。

（1）去除独立的导航按钮。试删除独立的导航按钮，删除相关的事件过程，并调试错误。

提示：第1处在WebBrowser1_CommandStateChange事件过程中，存在对按钮属性的设置。第2处在ListAddress_DblClick事件过程中，存在对按钮事件过程的调用。

（2）优化界面。当单击地址栏时，会显示地址栏列表框，地址栏列表框在单击"转到"按钮时隐藏，这带来一个问题，如果在浏览网页时无意间单击了地址栏，地址栏列表框将也会一直显示，从而影响浏览。请修改地址栏的单击事件过程，改变地址栏列表框显示的方式，当地址栏列表框不可见时使其可见，可见时让它不可见。

（3）改进潜在的程序错误。程序会从"网址收藏.txt"文件中读取收藏的网址，如果这个文件不存在，程序运行将出错，如何解决这一错误。

提示：

方法1：利用FSO（File System Object）文件系统对象，在打开文件前先检测文件是否存在，存在的话再打开文件并进行读写操作。

方法2：在FormIE的Load事件中，添加代码：

```
outFile = FreeFile    '获取文件句柄
Open "网址收藏.txt" For Append As outFile    '以追加写模式打开文件，关联文件句柄
Close outFile
```

打开文件后，马上关闭，这样如果文件不存在会自动创建一个空白文件。

（4）改进WebBrowser1_NavigateError事件过程。浏览出错时，在状态栏中显示错误信息，并中止继续浏览。

```
Private Sub WebBrowser1_NavigateError(ByVal pDisp As Object, URL As Variant, Frame As Variant, StatusCode As Variant, Cancel As Boolean)
    Me.StatusBar1.Panels("llqzt").Text = "错误:" + URL
    Cancel = True
End Sub
```

（5）把FormIE的Icon设置为VB安装目录（假设D盘）下的公共图标，

"D:\Program Files\Microsoft Visual Studio\Common\Graphics\Icons\Elements\EARTH.ICO"。

练习与思考题

一、选择题

1. 要改变控件的宽度，应改变（　　）属性。

　　A．Height　　　B．Width　　　　　C．Top　　　　　D．Left

2. 要使一个文本框具有水平垂直滚动条，则应先将其MultiLine属性设置为True，然后再将ScrollBar属性设置为（　　）。

　　A．0　　　　　B．1　　　　　　　C．2　　　　　　D．3

3. 如果把命令按钮的Cancel属性设置为True，则程序运行后（　　）。

　　A．按Esc键与单击该命令按钮的作用相同

　　B．按Enter键与单击该命令按钮的作用相同

　　C．按Esc键将停止程序的运行

　　D．按Enter键将中断程序运行

4. 若要求在文本框中输入密码时，文本框中只显示#号，则应在此文本框的属性窗口中设置（　　）。

　　A．Caption属性值为#　　　　　　B．Text属性值为#

　　C．Passwordchar属性值为#　　　　D．Passwordchar属性值为真

5. 若要使标签的大小自动与所显示的文本相适应，则可通过设置（   ）属性的值为True来实现。

   A. AutoSize B. Alignment C. Appearance D. Visible

6. 为了使计时器控件每隔5 s产生一个计时器事件，则应将其Interval属性值设置为（   ）。

   A. 5 B. 500 C. 5000 D. 10

7. 若要设置定时器控件定时触发Timer事件的时间间隔，可通过（   ）属性来设置。

   A. Interval B. Value C. Enabled D. Text

8. 程序运行到断点时，断点所在的语句（   ）。

   A. 还未执行 B. 已经执行 C. 忽略执行 D. 重复执行

9. 要想不使用Shift或Ctrl键就能在列表框中同时选择多个项目，则应把该列表框的MultiSelect属性设置为（   ）。

   A. 0 B. 1 C. 2 D. 其他

10. 当拖动滚动条中的滚动块时，将触发的滚动条事件是（   ）。

   A. Move B. Change C. Scroll D. SetFocus

二、编程题

1. 创建图3-49所示界面，程序装载时，要求定时器停止工作，定时器间隔时间为0.2 s，单击"开始"按钮后，标签向左移动，移动速度为每个时间间隔右移100缇，单击"停止"按钮，标签就停止。

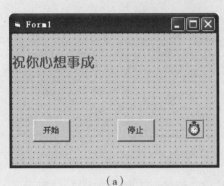 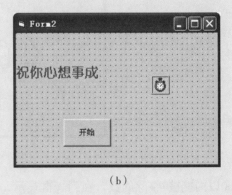

（a）　　　　　　　　　　　（b）

图 3-49　编程练习 1 界面

2. 设计界面如图3-50所示，单击"开始"按钮，程序运行，气球向上移动。

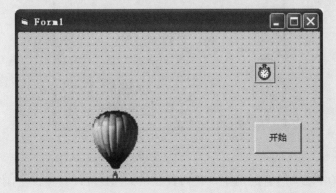

图 3-50　编程练习 2 界面

3．创建如图3-51所示界面，实现：数的范围从文本框1、文本框2输入，单击"开始"按钮，在屏幕下方中间的标签3上以每隔0.2 s的速度产生一个随机整数，然后命令按钮的标题变成"停止"，单击"停止"按钮，产生一个幸运数。

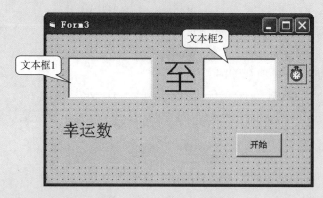

图 3-51　编程练习 3 界面

4．创建如图3-52界面，实现：单击"开始"，标签1的字颜色从红色→蓝色→绿色变化，文字也变为红色→蓝色→绿色。命令按钮标题变为"停止"，单击"停止"按钮，标签2的字与颜色停止变化。

图 3-52　编程练习 4 界面

5．求200以内能被7整除的数，在列表框显示，并求它们的和，界面如图3-53所示。

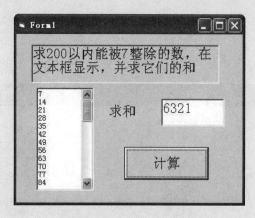

图 3-53　编程练习 5 界面

6．求2000年至2100年之间所有的闰年，在列表框显示，并统计有多少个闰年。界面设计如图3-54所示。（提示：闰年是能被4整除且不能被100整除或能被400整除）

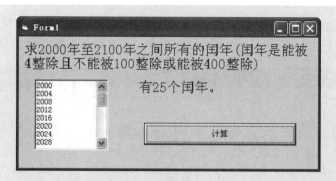

图 3-54　编程练习 6 界面

7. 设计如图3-55所示界面，实现字体设置效果。

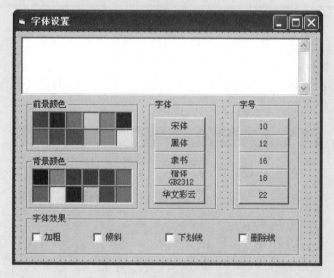

图 3-55　编程练习 7 界面

8. 一年有春、夏、秋、冬四个季节，要求季节与图片相一致，设计界面如图3-56所示。程序运行后，单击"开始"按钮，标签1上的文字与图片相一致，并且进行春、夏、秋、冬变化，命令按钮变为"停止"，单击"停止"按钮，停止变化。

图 3-56　编程练习 8 界面

9. 设计图3-57所示界面，实现五个字的色彩变化。创建一个标签控件数组，每一个标签上写上一个字（字号、颜色自定），要求用定时器事件实现5个字实现不同颜色和字体轮换显示。

图 3-57　编程练习 9 界面

10. 设计图3-58所示界面，实现输入某一天（年、月、日），计算这一天在本年中的天数（第几天）。

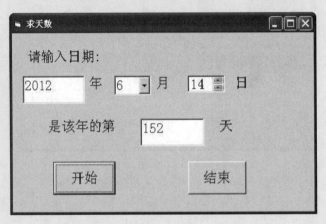

图 3-58　编程练习 10 界面

项目 4
综合应用

本项目通过 3 个综合应用任务，来进一步体验利用组件编程的乐趣，以更好地理解可视化编程的过程，了解传统编程语言中常用的算法，增强对计算机处理数据过程的原理认识。内容编排如表 4-1 所示。

表 4-1　项目 4 内容编排

任　　务	学 习 内 容
任务4.1　制作音乐闹钟	• 驱动器列表框 • 目录列表框 • 文件列表框 • Windows Media Player控件
任务4.2　读写Excel表中的数据	• 组件编程 • 二维数组 • 排序算法
任务4.3　制作点阵字体显示器	• 数字分离 • 文件操作 • ASCII字符编码

任务 4.1　制作音乐闹钟

本任务将通过编制一个简单的音乐闹钟来学习文件管理控件以及多媒体控件，进一步掌握利用系统部件来构建应用程序，加深对菜单和定时器的理解和应用。

在程序中通常需要进行文件操作，必须选择某一磁盘某一文件夹下的某一个文件，这一操作可以使用VB提供的标准控件驱动器列表框、目录列表框和文件列表框来组合实现，如图4-1所示。

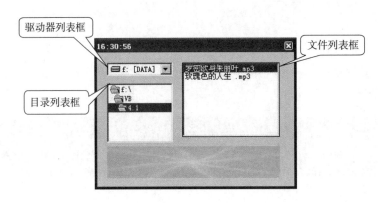

图 4-1　文件操作控件

1. 驱动器列表框

驱动器列表框是下拉式列表框，用于显示操作系统管理的驱动器状态。当该控件获得焦点时，用户可单击驱动器列表框右侧的箭头，或者输入任何有效的驱动器标识符，选择驱动器。

驱动器列表框的Drive属性用来指示当前选择的驱动器，如果驱动器列表框的名称为"Driver1"，当前选择的驱动器为F盘，则Driver1.Drive的属性值为"F:\"。

驱动器列表框的Drive属性值也可以在程序运行时修改，只要直接用赋值语句修改即可，如语句Drive1.Drive = "C:\"。

2. 目录列表框

目录列表框以树形结构显示用户系统上的当前驱动器目录结构，当前文件夹名被突出显示。

目录列表框的Path属性用来指示当前选择的文件夹路径，如果目录列表框的名称为"Dir1"，显示的是F盘下的目录，则图4-1中所示，Dir1.Path的属性值为"F:\VB\4.1"。

3. 文件列表框

文件列表框用于显示某一文件夹下的文件，显示的文件夹由它的Path属性指定，如图4-1中，设置File1.Path=Dir1.Path后，在文件列表框中显示文件夹"F:\VB\4.1"下的文件。

当前选择的文件名由它的Filename属性给出。所以可以用File1.Path &"\" & Filename来构建所选择文件的绝对路径。如图4-1选择的文件的绝对路径为"F:\VB\4.1\罗密欧与朱丽叶.mp3"。

文件列表框的属性Pattern用于设置在列表框中显示的文件扩展名类型，如设置为"*.mp3"，则只显示扩展名为"mp3"的文件，也可以设置多种文件扩展名用分号分隔。

4. Windows Media Player 控件

利用Windows Media Player控件可以在程序中整合多媒体功能，可以播放音频和视频。和利用Web Browser浏览器控件一样，在使用Windows Media Player控件前，需要先将"Windows Media Player"部件添加到VB工具箱，如图4-2所示，添加成功后，在工具箱上会出现WindowsMediaPlayer控件图标◉。

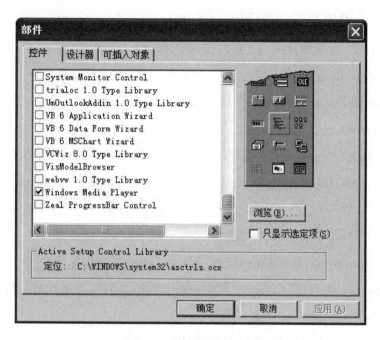

图 4-2　"部件"对话框

单击Windows Media Player控件图标，在窗体上利用鼠标拖曳的方法画出Windows Media Player对象。

（1）Windows Media Player控件的基本属性。

URL：指定媒体位置，本机或网络地址，设置后播放此媒体。

uiMode：设置播放器界面模式，可为Full、Mini、None或Invisible。

playState：获取播放状态，1=停止，2=暂停，3=播放，6=正在缓冲，9=正在连接，10=准备就绪。

enable Context Menu：设置启用/禁用右键菜单。

（2）Windows Media Player播放控制方法。

controls.play：播放。

controls.pause：暂停。

controls.stop：停止。

controls.fastForward：快进。

controls.fastReverse：快退。

controls.next：下一曲。

controls.previous：上一曲。

controls.currentPosition:double：获取当前进度。

controls.currentPositionString:string：获取当前进度，字符串格式，如"04:23"。

（3）WindowsMediaPlayer播放器基本设置。

settings.volume：音量，0～100。

settings.autoStart：设置是否自动播放。

settings.mute：设置是否静音。

settings.playCount：设置播放次数。

（4）WindowsMediaPlayer当前播放媒体的属性。

currentMedia.duration：获取媒体总长度。

currentMedia.durationString：获取媒体总长度的字符串格式，如"04:23"。

currentMedia.getItemInfo(const string)：获取当前媒体信息"Title"=媒体标题，"Author"=艺术家，"Copyright"=版权信息，"Description"=媒体内容描述，"Duration"=持续时间（秒），"FileSize"=文件大小，"FileType"=文件类型，"sourceURL"=原始地址。

currentMedia.setItemInfo(const string)：通过属性名设置媒体信息。

currentMedia.name：获取媒体标题，同currentMedia.getItemInfo("Title")。

（5）WindowsMediaPlayer播放列表属性。

currentPlaylist.count：当前播放列表所包含媒体数。

currentPlaylist.Item[integer]：获取或设置指定项目媒体信息，其子属性同currentMedia。

1. 实施说明

本任务实现简单的定时播放音乐的功能，每个整点显示定时器窗体，播放选定的MP3音乐，播放完毕后隐藏定时器窗体，如图4-3所示。

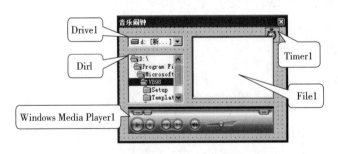

图4-3　音乐闹钟界面

2. 实施步骤

步骤1　添加"Windows Media Player"部件到VB工具箱

单击"工程→部件"命令，打开"部件"对话框，将"Windows Media Player"部件添加到VB工具箱。

步骤2 设计界面

如图4-3所示创建一个工具窗体类型的窗体，添加5个控件，按表4-2所示设置控件属性。

表4-2 音乐闹钟窗体及相关控件设置

对　象	属 性 名 称	属 性 值
窗体	Name	FormYY
	Caption	音乐闹钟
	Border Style	4-Fixed ToolWindow
	Start Up Position	2-屏幕中心
	Show In Taskbar	True
定时器	Name	Timer1
	Interval	1000
驱动器列表框	Name	Driver1
目录列表框	Name	Dir1
文件列表框	Name	File1
Windows Media Player控件	Name	Windows Media Playe1
	uiMode	Full

步骤3 设置代码

在代码窗体中设置代码。

（1）驱动器列表框的Change事件过程。

```
Private Sub Drive1_Change()
        Me.Dir1.Path = Me.Drive1.Drive     '指定目录列表框中显示新选择的磁盘根目录
End Sub
```

（2）目录列表框的Change事件过程。

```
Private Sub Dir1_Change()
        Me.File1.Path = Me.Dir1.Path    '指定文件列表框中显示新选择的目录下的文件名
End Sub
```

（3）文件列表框的Click事件过程。

```
Private Sub File1_Click()
        Me.WindowsMediaPlayer1.URL = File1.Path & "\" & File1.FileName     '让播放控件加载选择的音乐文件
End Sub
```

（4）窗体加载Load事件过程。

Private Sub Form_Load()

  Me.WindowsMediaPlayer1.uiMode = "none"

  '让播放器的播放节目设置为无控制条的模式

End Sub

（5）定时器的Timer事件过程。

Private Sub Timer1_Timer()

  If Minute(Time()) = 0 And Second(Time()) = 0 Then

   '当分和秒同时为0时表示刚好是整点

   Me.WindowsMediaPlayer1.URL = File1.Path & "\" & File1.FileName

   '加载播放文件

   Me.Show　'显示窗体

  End If

  If Me.WindowsMediaPlayer1.playState =1 Then　　'播放已停止

   Me.Hide　'当音乐播放完时，隐藏窗体

  Else

   Me.Caption = Time　　'窗体显示时，在标题中显示当前的时间

  End If

End Sub

步骤 4　测试运行、保存工程、生成应用程序

单击"启动"按钮或按F5，启动程序。选择一首MP3歌曲，将自动播放，播放结束后窗体隐藏。这时可以修改系统的时间，调整为类似"59：50"s，这样10 s后观察是否会自动显示窗体，播放定时音乐。

最后，单击"文件→工程另存为"菜单命令，保存该工程为"工程4-1.vbp"，再单击"文件→工程"菜单命令打开"生成工程"对话框，在文件名栏中出现"工程4-1.exe"后单击"确定"按钮，生成应用程序"工程4-1.exe"。

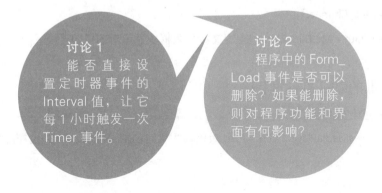

讨论 1
能否直接设置定时器事件的Interval值，让它每1小时触发一次Timer事件。

讨论 2
程序中的Form_Load事件是否可以删除？如果能删除，则对程序功能和界面有何影响？

练习 1　修改代码，实现在播放音乐时，在窗体标题栏显示已播放时间和音乐的总长度。如图 4-4 所示。

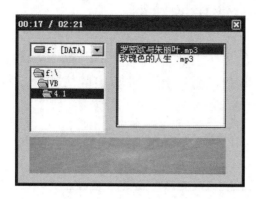

图 4-4　显示音乐播放时间

提示：修改定时器事件，在播放音乐时（判断 play State 状态），获取当前播放媒体的 duration String 属性和当前播放控制的 current Position String 属性，显示在窗体标题中。

练习 2　修改程序，整点时实现轮换播放文件列表框中的音乐。

提示：修改定时器事件，在播放音乐时，根据文件列表框的属性 ListIndex、ListCount 以及 List 对象来决定播放的歌曲。参考如下代码：

```
If File1.ListIndex < File1.ListCount - 1 Then
        File1.ListIndex = File1.ListIndex + 1
    Else
        File1.ListIndex = 0
End If
Me.WindowsMediaPlayer1.URL = File1.Path & "\" &File1.List(File1.ListIndex)
```

练习 3　修改程序，整点时实现随机播放文件列表框中的音乐。

（1）如何实现不同的定时点，播放指定的音乐。

提示：添加一个设置窗体，设置定时时间和对应的音乐文件名，对应关系可以用数组来存储，在定时器事件中判断是否有与当前时间相符的定时点，播放相应的音乐。

（2）歌词同步。

提示：建立歌词与 currentPositionString 的对应关系，用文本文件存储，添加一个定时器，根据 currentPositionString 显示相应的歌词到窗体标题中。

任务 4.2　读写 Excel 表中的数据

本任务将通过编制一个从 Excel 表中读写数据的程序，来了解如何利用其他应用程序中的功能来构建应用程序，并学习排序和二维数组的应用。

图4-5所示的工作表是一组体育彩票的数据，在Excel中如果要求得E列，可以用公式（Mid和Value函数）来分解D列的数据，但是如果要求得F列则需要用Office软件自带的VBA编程来实现，如果熟悉VB程序设计语言，则可利用其他应用程序的COM组件来构建程序。

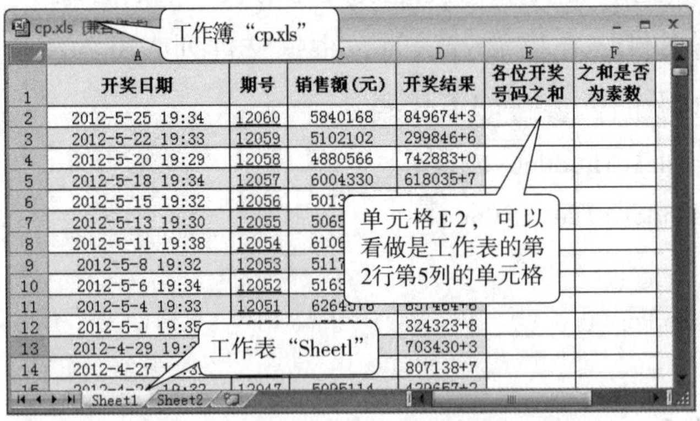

图 4-5　Excel 文件中存储的彩票号码

1. 如何与 Excel 应用程序对象交互

在与Excel程序交互时，首先要在工程中添加对Excel组件的应用，如图4-6所示，单击"工程→引用"菜单命令，打开"引用"对话框，浏览选择"Microsoft Excel XX.X Object Libary"，单击"确定"按钮，之后才可以在程序中创建Excel的应用程序对象，实现与Excel的交互。

通常在窗体的通用代码段中定义一个Excel的应用程序对象变量：

```
Dim oE As Excel.Application
```

（1）创建一个新的Excel应用程序。

```
Set oE = CreateObject("excel.application")    '创建一个Excel应用程序对象

oE.Visible=True    '让Excel应用程序窗口可见
```

结果如图4-7所示。如果不想显示应用程序，Visible属性设置为False即可。之后可以利用Excel的应用程序对象来进行与Excel的交互，如打开文件、保存文件、关闭文件、添加工作表、读写工作表中的单元格、创建图表等，凡是在Excel中可以操作实现的功能都可以在VB中用语句来等同地实现。

图 4-6　引用 Excel 组件

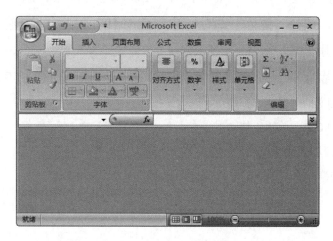

图 4-7　创建 Excel 应用程序

（2）与Excel应用程序交互。

Excel应用程序打开的工作簿用属性"WorkBooks"来引用，WorkBooks("Book1")表示打开的Excel文件"Book1.xls"，WorkBooks(1)表示打开的是第1个工作簿。

在工作簿中通常包含若干工作表，工作表用工作簿的属性"WorkSheets"来引用，WorkSheets("Sheet1")表示工作表"Sheet1"，WorkSheets(1)表示第1个工作表。

工作表的单元格按行列编排，在Excel中行用数字表示，列用字母组合表示，第1列即A列，第2列即B列。单元格E2可以理解为第2行第5列，在程序中可以用Cells(2,5)来表示单元格对象E2，再进一步来访问单元格对象中的值。

如：

```
oE.WorkBooks.Add    '添加一个新的空白工作簿，如图4-8所示。
oe.WorkSheets("Sheet3").Delete    '删除工作表"Sheet3"
oe.WorkSheets("Sheet1").Cells(2,5).Value="25"    '把工作表"Sheet1"的单元格E2值设置为25。
```

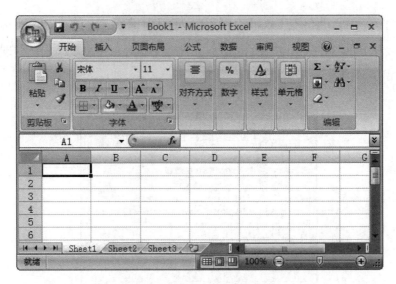

图4-8 添加空白工作簿

以上过程犹如平常通过"开始"菜单打开了Excel应用程序，默认有一个空白的工作簿，然后右击工作表Sheet3，选择"删除"命令，再在Sheet1的E2单元格中输入了25。

（3）关闭Excel应用程序。

在关闭Excel应用程序前，通常需要保存工作簿，保存工作簿时有时会有对话框提示。

oE.WorkBooks(1).Save '保存工作簿

oE.WorkBooks(1).Close '关闭工作簿

oE.Quit   '关闭应用程序

分别对应文件菜单中的"保存"、"关闭"和"退出"命令。

2. 二维数组

在任务2.5中曾经用3个独立的一维数组来表示柜子的信息。

Dim gzzt(1 To 16) As Boolean   '柜子是否可用，True表示空柜，False表示被占用

Dim gzmm(1 To 16) As Integer '存放柜子的密码

Dim gznr(1 To 16) As String '模拟存放柜子里寄存物品的名称

第i个柜子的信息，分别用gzzt(i)、gzmm(i)、gznr(i)来表示是否可用、密码和存放的内容。查看柜子状态，在窗体中显示了三个数组的值。

设想这些信息存放在一张Excel工作表中，则可以理解为A列（第1列）存放柜子状态，B列（第2列）存放密码，C列（第3列）存放内容，如图4-9所示。第i个柜子的信息对应工作表中的第i行。不难理解单元格B3（第3行第2列）的存储内容（Cells(3,2).Value）表示的是第3个柜子的密码。

如果还想记录物品寄存的开始时间，可以新增1个数组gzsj(1 To 16)来表示。假设还有其他的柜子使用信息要增加，理论上都可以采用这种方式来实现，不过采用二维数组的方式可以更有效地来存储、处理这些数据。

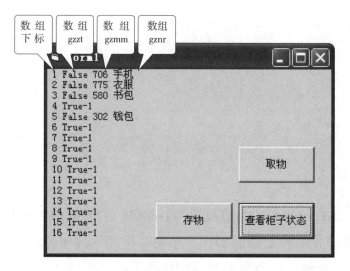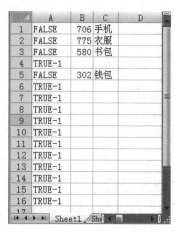

图 4-9　储物柜数组的状态

二维数组可以看做一张 Excel 的工作表。

Dim gzxx(1 To 16,1 To 3) As Variant

定义了一个16行3列的数组，共有16×3=48个数组元素。gzxx(i,j)对应工作表的第i行第j列所在单元格，这里i的范围为1～16，j的范围为1～3。

二维数组的定义格式：

DIM 数组名(下标1范围,下标2范围) As 数据类型

数组的第一维（行数）由"下标1"来确定，第二维（列数）由"下标2"来确定，下标范围可以采用"常数"或"起始下标 To 结束下标"来表示。

遍历访问二维数组中的某一行或某一列可以用简单循环来实现。

例如，打印数组gzxx第2列中的数据，可以用下列循环：

```
For i=1 To 16
    Print gzxx(i,2)
Next i
```

又如，打印数组gzxx第3行中的数据，可以用下列循环

```
For j=1 To 3
    Print gzxx(3,j)
Next j
```

要实现编历整个二维数组则需要用到二重循环。

先行后列的访问方式的代码如：

```
For i=1 To 16
    For j=1 To 3
        Print gzxx(i,j)
    Next j
Next i
```

先列后行的访问方式的代码如:

```
For i=1 To 3
    For j=1 To 16
        Print gzxx(i,j)
    Next j
Next i
```

3. 排序

列表框控件提供了一个属性Sorted,当Sorted的值设置为True时,列表框中的项目按字母顺序排序。在Excel的使用过程中排序是一种常用的操作,单击"排序"按钮后。设置Sorted属性值,其幕后是程序对列表框项目和单元格内容按照一定策略进行了排序。

在生活中也有很多类似的排序例子,图4-10展示了一个排队的过程。

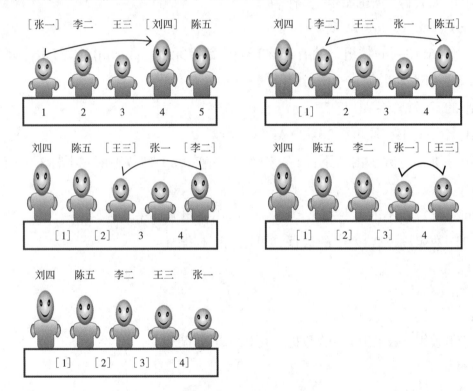

图 4-10 选择排序过程示意

基本过程是第1轮从位置1~5中选择个子最高的人(刘四)与第1个位置的人(张一)互换位置;第2轮从位置2~5中选择个子最高的人(陈五)与第2个位置的人(李二)互换位置;第3轮从位置3~5中选择个子最高的人(李二)与第3个位置的人(王三)互换位置;第4轮从位置4~5中选择个子最高的人(王三)与第4个位置的人(张一)互换位置。

以上过程采用的是直接选择排序的方法,计算机中模拟排序的过程如下:

```
Dim sg(1 to 5) As Integer    '定义一个数组,存储5个人的身高数据
Dim i As Integer,j As Integer    '定义临时循环变量
```

```
Dim p As Integer    '存储当前最高的所在位置（下标）
Dim t As Integer    '用于变量交换的临时变量
sg(1)=1.4:sg(2)=1.8:sg(3)=1.6:sg(4)=2.1:sg(5)=1.9
For i=1 to 4
        p=i   '第i轮先假设第i个位置的数据为当前最大
        For j=i to 5
              If sg(p)<sg(j) then p=j    '第j个位置的数据为当前最大
        Next j
        t=sg(i)    'sg(i)与sg(p)交换内容
        sg(i)=sg(p)
        sg(p)=t
Next i
For i=1 to 5
        Print sg(i)    '打印出排序的结果
Next
```

以上过程相当于在Excel中对单一列进行排序，当Excel中要对包含多列的工作表进行排序需要指定排序关键列，同时其他列的内容也跟随关键列调整，这时排序需要用循环结构对二维数据进行处理，内容交换时需要整行交换。

1. 实施说明

如图4-11所示，本任务实现以下功能。

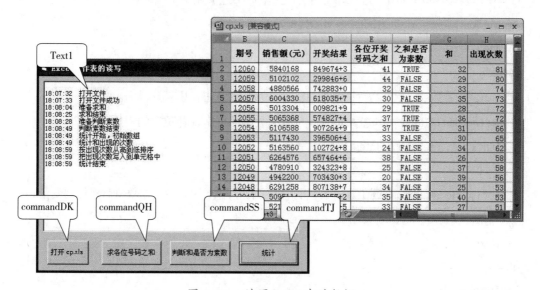

图 4-11　读写 Excel 中的数据

（1）单击"打开cp.xls"按钮，打开工作簿"cp.xls"。

（2）单击"求各位号码之和"按钮，把D例的开奖号码的各位数字分离，然后累加起来存放到对应的E列单元格中。

（3）单击"判断和是否为素数"按钮，判断E列中的单元格数据是否为素数，结果存G列。

（4）单击"统计"按钮，统计"各位开奖号码之和"出现的次数，在G和H列中分别按出现次数从高到低存放结果。

2. 实施步骤

步骤 1 添加 Excel 对象库的引用

单击"工程→引用"菜单命令，打开"引用"对话框，浏览选择"Microsoft Excel XX.X Object Libary"，单击"确定"按钮。

步骤 2 设计界面

如图4-10所示，创建一个多行文本框用于显示操作交互信息，添加4个按钮，修改相关的名称和Caption属性值。

步骤 3 设置代码

在代码窗体中设置代码。

（1）在通用段中定义窗体级变量。

```
Dim oE As Excel.Application    '定义窗体级变量oE，用于存放Excel应用程序对象
Dim oEworksheet As Excel.Worksheet   '定义窗体级变量oEworksheet，用于存放Excel的工作
                                     '表对象
```

（2）定义显示交互信息的过程。

```
Private Sub xsxx(s As String)   '过程xsxx用于在文本框中追加显示字符内容
    Me.Text1.Text = Me.Text1.Text & vbCrLf & Time & " " & s
    Me.Refresh   '刷新窗体
End Sub
```

（3）定义求和函数，返回数字字符串的各位数的累加和。

```
Private Function qh(hm As String) As Integer   '返回数字字符串的各位数的累加和
    Dim x    As Integer, i As Integer
    x = 0
    For i = 1 To Len(hm)   '逐个取出数字串中的字符，用Val函数转化成数值后累加到变量x
        x = x + Val(Mid(hm, i, 1))
    Next
qh = x
End Function
```

（4）定义判断素数函数。

```
Private Function ss(h As Integer) As Boolean    '返回是否为素数
    Dim i As Integer
    For i = 2 To Int(Sqr(h))
        If h \ i = h / i Then Exit For    '如果整除，说明不是素数
    Next
    If i >Sqr(h) Then
        ss = True    '是素数，返回True
    Else
        ss = False    '不是素数，返回False
    End If
End Function
```

（5）定义打开按钮的Click事件过程。

```
Private Sub CommandDK_Click()
    xsxx "打开文件"    '在多行文本框中显示串内容
    Set oE = CreateObject("excel.application")    '创建一个Excel应用程序对象
    oE.Workbooks.Open App.Path & "\cp.xls"    '打开存放在与当前工程文件（VB应用程序）同一文件
                                                '夹下的cp.xls
    Set oEworksheet = oE.Workbooks(1).Worksheets("Sheet1")    '设置oEworksheet为工作表"Sheet1"，
                                                              '方便使用
    oE.Visible = True    '让Excel应用程序可见
    xsxx "打开文件成功"    '在多行文本框中显示串内容
End Sub
```

（6）定义求和按钮的Click事件过程。

```
Private Sub CommandQH_Click()
    Dim rowAs Integer, colDAs Integer, colE As Integer
    xsxx "准备求和"
    row = 2    'Excel的第2行
    colD = 4    'Excel的第4列（D列）
    colE = 5    'Excel的第5列（F列）
    Do While oEworksheet.Cells(row, colD).Text <> "" '如果单元格的内容为空白则读结束oEworksheet.
Cells(row, colE).Value = qh(oEworksheet.Cells(row, colD).Text)
        row = row + 1    '行号加1，准备读取下一行的单元格内容
    Loop
    xsxx "求和结束"
End Sub
```

（7）定义判断素数按钮的Click事件过程。

```
Private Sub CommandSS_Click()
    Dim rowAs Integer, colDAs Integer, colEAs Integer, colF As Integer
    xsxx "准备判断素数"
```

```
row = 2      'Excel的第2行
colD = 4     'Excel的第4列（D列）
colE = 5
colF = 6
Do While oEworksheet.Cells(row, colD).Text <> "" '如果单元格的内容为空白则读结束
    oEworksheet.Cells(row, colF).Value = ss(oEworksheet.Cells(row, colE).Value)
    row = row + 1
Loop
xsxx "判断素数结束"
```
End Sub

（8）定义统计按钮的Click事件过程。

```
Private Sub CommandTJ_Click()
    Dim aHM(0 To 63, 0 To 1) As Integer '定义一个二维数组
    Dim I As Integer, j As Integer, t As Integer, p As Integer
    Dim row, colD, colE,colG As Integer
    xsxx "统计开始，初始数组"
    For i = 0 To 63
        aHM(i, 0) = i    '第一维存放和
        aHM(i, 1) = 0    '第二维存放该和出现的次数
    Next
    xsxx "统计和出现的次数"
    row = 2
    colD = 4
    colG = 7
    Do While oEworksheet.Cells(row, colD).Text <> ""
        aHM(oEworksheet.Cells(row, colE).Value, 1) = aHM(oEworksheet.Cells(row, colE).Value, 1) + 1
'和对应的数组计数累加1
        row = row + 1
    Loop
    xsxx "按出现次数从高到低排序"
    For i = 0 To 62
        p = i
        For j = i + 1 To 63
            If aHM(p, 1) < aHM(j, 1) Then p = j
        Next j
        t = aHM(p, 1)    'aHM(p,1)与aHM(i,1)交换
aHM(p, 1) = aHM(i, 1)
aHM(i, 1) = t
```

```
            t = aHM(p, 0)    'aHM(p,0)与aHM(i,0)交换
            aHM(p, 0) = aHM(i, 0)
            aHM(i, 0) = t
        Next i
        xsxx "把出现次数写入到G列和H列的单元格中"
            row = 2
        For i = 0 To 63
            oEworksheet.Cells(row + i, colG).Value = aHM(i, 0)
            oEworksheet.Cells(row + i, colG+ 1).Value = aHM(i, 1)
        Next i
        xsxx "统计结束"
    End Sub
```

（9）定义Form的Unload事件过程。

```
    Private Sub Form_Unload(Cancel As Integer)
        oE.Workbooks.Close    '关闭工作簿
        oE.Quit    '退出Excel应用程序
    End Sub
```

步骤 4　测试运行、保存工程、生成应用程序

单击"启动"按钮或按F5，启动程序。依次单击按钮测试程序，等在文框中显示出上一事件过程运行结束后，再单击下一个按钮。

最后，单击"文件→工程另存为"菜单命令，保存该工程为"工程4-2.vbp"，再单击"文件→生成工程"菜单命令打开"生成工程"对话框，在文件名栏中出现"工程4-2.exe"后单击"确定"按钮，生成应用程序"工程4-2.exe"。

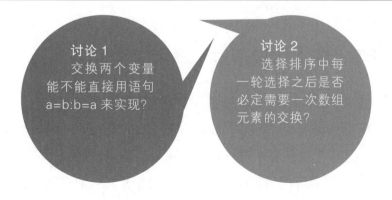

讨论 1
交换两个变量能不能直接用语句 a=b:b=a 来实现？

讨论 2
选择排序中每一轮选择之后是否必定需要一次数组元素的交换？

练习 1 增加程序功能，添加"统计素数个数"按钮，单击后统计素数个数显示在窗体的多行文本框中。

练习 2 增加程序功能，添加"找最高销售额"按钮，单击后从 Excel 表中检索最高销售额，把对应的期号、销售额、开奖结果显示在窗体的多行文本框中。

练习 3 增加程序功能，添加一个文本框、一个"读取"和一个"写入"按钮，实现如下功能：

（1）在文本框中输入"sheet2.cells(3,2)"，单击"读取"按钮，把工作表Sheet2的B3单元格的内容显示在多行文本框中。

（2）在文本框中输入"sheet2.cells(3,2)=12"，单击"写入"按钮，把工作表Sheet2的B3单元格的内容设置为12。

提示：分解文本框中的字符串，分别得到工作表名称、单元格坐标以及值。

（1）本任务中的求和函数qh(hm As String)传入的参数是字符串，如果传入的参数是数值qh(hm As Integer)则代码应作何调整。

提示：方法一采用整除和取余运算，结合循环来分解；方法二先把数字转化为字符串。

（2）增加程序功能，添加"销售排行"按钮，单击后，把当期的销售排行，显示在I列的单元格中。

提示：建立一个二维数组，存放期号、销售额及排行。方法一统计比当前销售额高的期数存入排行；方法二按销售额排序，再逐一设置排行（考虑重复名次），然后再按期号排序复原与Excel的行列保持一致。思考比较两种方法的优缺点。

（3）改造任务2.5的数据存储方法，用二维数组存放柜子信息，代替原来使用的3个独立的一维数组。

任务 4.3 制作点阵字体显示器

在任务 2.1 中已经用 7 个 Label 标签来模拟 LED 数码管的显示，实现数字 0 ~ 9 的显示，在探究与合作部分进一步实现了显示字符"E 和 F"，但是要显示字符"A"用 7 个数码管就无法实现了。本任务将通过编制一个点阵字体模拟显示器来实现任意字符的显示，从而了解计算机显示字符的基本原理，理解 ASCII 字符编码，进一步掌握控件数组的应用。

众所周知，计算机的世界是一个二进制的世界，所有的数据在计算机内部均以二进制形式存储、处理。有了操作系统之后，用户向计算机输入数值、字符、语音、图像，计算机处理后向用户呈现的本质上是图像（字符、图形）、声音以及二者组合而成的视频，如图4-12所示。

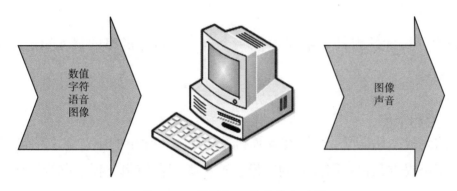

图 4-12　计算机工作的基本过程

1.　点阵和分辨率

计算机显示器上显示的文字、图形、图像本质上都是由点组成的，图4-13所示是一个64列×64行组成的点阵显示效果图，显示的基本原理就是通过控制点的显示与否或显示颜色，来实现信息的显示输出。

图 4-13　点阵显示效果图（高分辨率、中分辨率、低分辨率）

屏幕分辨率指的是屏幕上显示的文本和图像的清晰度，通常用像素（点）来描述。在单位大小的显示面积内，分辨率越高（如 1 600 × 1 200 像素），显示的图文越清楚，同时屏幕上的图文越小，因此屏幕可以容纳更多的显示内容。分辨率越低（例如 800 × 600 像素），在屏幕上显示的内容越少，但显示的尺寸越大，可以通过设置Windows系统的不同桌面分辨率来体验这种变化。

可以使用的分辨率取决于显示器支持的分辨率，显示器越大，通常所支持的分辨率越高。Windows系统是否能够增加屏幕分辨率取决于显示器的大小和功能及显卡的类型。如果显示器的分辨率设置为800 × 600 像素，则可以把屏幕视作一个800列× 600行的点阵。

在本任务中，用标签控件数组来模拟一个64 × 64分辨率的显示屏，利用它来显示字符。

2. 点阵字模和字库

字模是字的模板，凡是每一个能在计算机系统中输入输出的中、英文字符都有自己的字模，通常同一字符提供几种不同类型的字模，这种类型在使用过程中称为字体。字符A的两种不同字模，如图4-14所示。

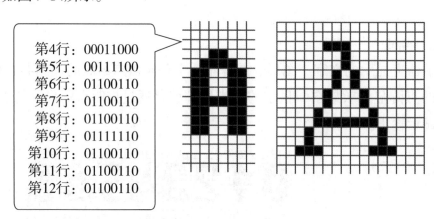

第4行：00011000
第5行：00111100
第6行：01100110
第7行：01100110
第8行：01100110
第9行：01111110
第10行：01100110
第11行：01100110
第12行：01100110

图 4-14 字模

同一种类型的字模按一定的编码顺序存放在磁盘文件中，通常称为字库。在Windows系统的Fonts文件夹下存放着系统中安装的字库文件，如图4-15所示，可以双击字库文件预览该字库的字体。

点阵字模以二进制的形式把字模的点阵信息存放在文件中，存储一个8 × 16大小的字模需要16个字节，如图4-14中左侧的字符A的点阵字模信息为：00000000，00000000，00000000，00011000，00111100，01100110，01100110，01111110，01100110，01100110，01100110，00000000，00000000，00000000，00000000。

图 4-15 Windows 系统中安装的字库

显示字符A的过程是，系统获取A的字模信息，根据字模信息设置屏幕上对应的点是否可见，如第4行的值为00011000，则使该行的第4和第5个点可见，其余点不可见。

3. ASCII 码

ASCII码是计算机中用得最广泛的字符编码，在计算机的存储单元中，一个ASCII码值占一个字节(8个二进制位)，其中最高位为0，其余的7位可以表示128种状态，因此可以用十进制数0~127来表示字符编码，字符编码如表4-3所示。

表 4-3　ACSII 码表

ASCII 码	键盘字符	ASCII 码	键盘字符	ASCII 码	键盘字符	ASCII 码	键盘字符
0		11		22		33	!
1		12		23		34	"
2		13		24		35	#
3		14		25		36	$
4		15		26		37	%
5		16		27		38	&
6		17		28		39	'
7		18		29		40	(
8		19		30		41	)
9		20		31		42	*
10		21		32	空格	43	+

续表

ASCII 码	键盘字符	ASCII 码	键盘字符	ASCII 码	键盘字符	ASCII 码	键盘字符
44	,	65	A	86	V	107	k
45	–	66	B	87	W	108	l
46	.	67	C	88	X	109	m
47	/	68	D	89	Y	110	n
48	0	69	E	90	Z	111	o
49	1	70	F	91	[	112	p
50	2	71	G	92	\	113	q
51	3	72	H	93	]	114	r
52	4	73	I	94	^	115	s
53	5	74	J	95	_	116	t
54	6	75	K	96	`	117	u
55	7	76	L	97	a	118	v
56	8	77	M	98	b	119	w
57	9	78	N	99	c	120	x
58	:	79	O	100	d	121	y
59	;	80	P	101	e	122	z
60	<	81	Q	102	f	123	{
61	=	82	R	103	g	124		
62	>	83	S	104	h	125	}
63	?	84	T	105	i	126	~
64	@	85	U	106	j	127	

　　根据约定，第32 ~ 126号字符为可打印ASCII码，其余的为专用控制符。

　　如图4-16所示，用记事本建立一个文本文件，输入"0~9、A~Z、a~z"共62个字符，保存为"字符.txt"后可以查看到该文件的大小为62个字节，可以验证每一个字符占用一个字节的存储空间。接着用专业的二进制文件查看工具查看该文件，可以发现在文件中存放的是每一个字符对应的ASCII码，图中用十六进制表示，如字符A的ASCII码为65，用十六进制表示是41H。字符的ASCII码可以用函数ASC()获取，如ASC("A")的返回值为65。

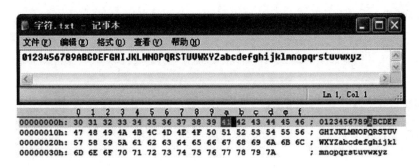

图 4-16 文本文件的存储格式

4. 一维数组与二维数组的转换

程序设计语言引入二维数组的目的是为了直观形象地存取二维表格形式的数据，其实利用一维数组也完全可以存取二维表格形式的数据，思考一下图4-17所示的教室课桌编号有助于理解两种表示方式之间的转换。

讲 台

	第 1 列	第 2 列	第 3 列	第 4 列	第 5 列	第 6 列	第 7 列	第 8 列
第1排	1	2	3	4	5	6	7	8
第2排	9	10	11	12	13	14	15	16
第3排	17	18	19	20	21	22	23	24
第4排	25	26	27	28	29	30	31	32
第5排	33	34	35	36	37	38	39	40
第6排	41	42	43	44	45	46	47	48
第7排	49	50	51	52	53	54	55	56

图 4-17 教室的课桌编号

用二维数组来描述，可以定义如下：

Dim KZ2(1 To 7,1 To 8) As String

第i排第j列的课桌用数组元素KZ2(i,j)来表示，该课桌的编号为i*8+j，例如KZ2(3,4)表示的课桌编号为28。

用一维数组来描述，可以定义如下：

Dim KZ1(1 To 56) As String

编号为n的课桌用数组元素KZ1(n)来表示，该课桌在第Int(n /8)+1排第n Mod 8列，例如第28号课桌在第Int(28/8)+1排和28 Mod 8+1列，即第3排第4列。

可见，数组元素KZ2(i,j)表示的是第n张课桌，则n=i*<每行课桌数>+j。数组元素KZ1(n)表示第i排第j列的课桌，则i=Int(n/<每行课桌数>+1，j=n Mod <每行课桌数>。

前面学习过的控件数组是一维数组，因此在用控件数组来模拟点阵时需要用到这种转换，把图4-17所示的课桌看成是标签控件数组DZ，元素DZ(1)~DZ(56)表示了56个点，图4-14

中字模A的第5行值为00111100，只要点亮DZ(5*8+3)、DZ(5*8+4)、DZ(5*8+5)、DZ(5*8+6)四个点即显示了该行。

1. 实施说明

在本任务中，为理解方便，把字模信息存储在Excel的单元格中，第1列存放A的字幕，第2列存放B的字模，如图4-18所示。

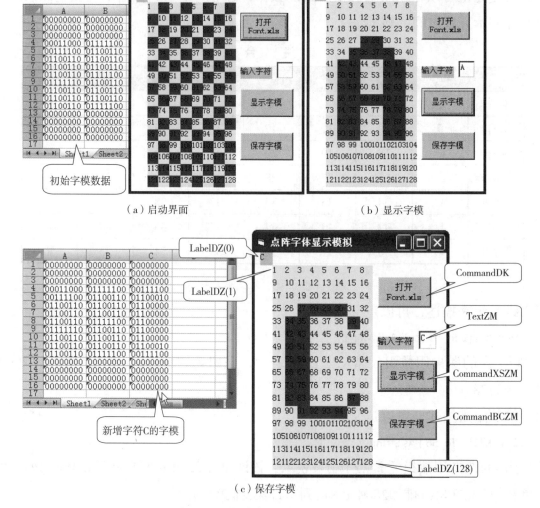

（a）启动界面　　　　　　　　　　（b）显示字模

（c）保存字模

图 4-18　点阵字体显示的功能说明

程序启动后，出现启动界面如图4-18（a）所示，为便于观察点阵，点阵用背景色作了区分，然后测试下列功能：

（1）单击"打开Font.xls"按钮，打开工作簿"Font.xls"。

（2）输入字符"A"。

（3）单击"显示字模"按钮，执行结果如图4-18（b）所示，从Excel中读取对应字符的字模信息，调整点阵的显示。

（4）单击点阵标签，修改标签颜色，待效果如"C"时，单击"保存字模"按钮，执行结果在Excel工作表中新增了字符C的字模信息，如图4-18（c）所示。

注意在程序运行前，先关闭已经打开的Excel文件。

2. 实施步骤

步骤1　添加 Excel 对象库的引用

单击"工程→引用"命令，打开"引用"对话框，浏览选择"Microsoft Excel XX.X Object Libary"，单击"确定"按钮。

步骤2　设计界面

如图4-18（c）所示，① 添加命令按钮"CommandDK"、"CommandXSZM"、"CommandBCZM"，文本框"TextZM"。② 添加一个标签，把名称修改为"LabelDZ"，把标签的Index修改为0，创建控件数组"LabelDZ"，并调整标签LabelDZ(0)的大小，移到窗台左上角。

步骤3　设置代码

在代码窗体中设置代码。

（1）在通用段中定义窗体级变量。

```
Dim oE As Excel.Application    '定义窗体级变量oE，用于存放Excel应用程序对象

Dim oEworksheet As Excel.Worksheet    '定义窗体级变量oEworksheet，用于存放Excel的工作表对象
```

（2）定义窗体装入事件过程Form_Load()。

```
Private Sub Form_Load()
    Dim i As Integer
    For i = 1 To 8 * 16
        Load LabelDZ(i%)    '为控件数组LabelDZ添加128个标签元素
    Next
    For i = 1 To 8 * 16
        LabelDZ(i).Caption = i    '为便于理解显示标签（点阵）序号
LabelDZ(i).Left = ((i - 1) Mod 8) * LabelDZ(0).Width + LabelDZ(0).Left + LabelDZ(0).Width
LabelDZ(i).Top = ((i - 1) \ 8) * LabelDZ(0).Height + LabelDZ(0).Height
LabelDZ(i).Visible = True
        '以下语句通过设置交叉的背景色，便于观察点阵
        If i Mod 2 = 0 And (i - 1) \ 8 Mod 2 = 0 Or i Mod 2 = 1 And (i - 1) \ 8 Mod 2 = 1 Then
LabelDZ(i).BackColor = vbRed
```

```
            Else
         LabelDZ(i).BackColor = vbYellow
                End If
         Next
         Exit Sub
End Sub
```

（3）定义控件数组单击事件过程LabelDZ_Click。

```
    Private Sub LabelDZ_Click(Index As Integer)      '单击标签实现标签颜色黄色和红色的切换
        If LabelDZ(Index).BackColor = vbRed Then
            LabelDZ(Index).BackColor = vbYellow      '黄色表示点未显示，黄色可以看做是显示器的背景色
        Else
            LabelDZ(Index).BackColor = vbRed         '红色表示点显示
        End If
    End Sub
    Private Sub CommandDK_Click()
        Set oE = CreateObject("excel.application")   '创建一个Excel应用程序对象
        oE.Workbooks.Open App.Path & "\font.xls"     '打开存放在与当前工程文件（VB应用程序）同一文
                                                     '件夹下的Font.xls
        Set oEworksheet = oE.Workbooks(1).Worksheets("sheet1")   '设置oEworksheet为工作表"Sheet1"，
                                                     '方便使用
        oE.Visible = True     '让Excel应用程序可见
    End Sub
```

（4）定义显示字模单击事件过程CommandXSZM _Click。

```
    Private Sub CommandXSZM_Click()    '显示字模
        Dim row As Integer, col As Integer, i As Integer
        Dim DZ(1 To 16) As String    '临时数组存放点阵字模信息
        row = 1    'Excel的第1行
        col = Asc(Me.TextZM.Text) - 65 + 1    '判断要显示的字符的ASC码，确定该ASC字模存放的列
        LabelDZ(0).Caption = Me.TextZM.Text    '在标签LabelDZ(0)中显示要显示的字符
        For row = 1 To 16    '逐行把字模信息，从Excel的对应单元格读取到数组DZ
    DZ(row) = oEworksheet.Cells(row, col).Value
        Next
        For row = 1 To 16    '逐一判断行中的点阵状态
            For col = 1 To 8    '逐一判断行中的点阵状态
                If Mid(DZ(row), col, 1) = "1" Then    '如果该位为1，把对应的标签（点）的背景色设置
                                                      '为红色，表示显示该点
    LabelDZ((row - 1) * 8 + col).BackColor = vbRed
```

```
            Else    '如果该位不为1，把对应的标签（点）的背景色设置为黄色，表示不显示该点
    LabelDZ((row - 1) * 8 + col).BackColor = vbYellow
            End If
        Next col
    Next row
End Sub
```

（5）定义保存字模单击事件过程CommandBCZM _Click。

```
Private Sub CommandBCZM_Click()    '保存字模
    Dim row As Integer, col As Integer, colChar As Integer
    Dim ls As String
    colChar = Asc(Me.TextZM.Text) - 65 + 1    '判断保存的字符的ASC码，确定该ASC字模保存的列
    LabelDZ(0).Caption = Me.TextZM.Text    '在标签LabelDZ(0)中显示要显示的字符
    For row = 1 To 16    '逐行把字模信息，保存到Excel的对应单元格中
        ls = "'"    '考虑到Excel中的字符串输入时，通常在前面加单引号"'"，故初始为单引号
        For col = 1 To 8    '逐一判断行中的点阵状态
            If LabelDZ((row - 1) * 8 + col).BackColor = vbRed Then
                ls = ls + "1"    '红色表示显示的点，故加1
            Else
                ls = ls + "0"    '红色表示显示的点，故加0
            End If
        Next col
        '保存字符C的第4行时，循环结束后ls的值为 "'00111100"
        oEworksheet.Cells(row, colChar).Value = ls    '保存到Excel的单元格中，保存字符C的第4行时，
                                                      '保存到单元格C4中
    Next row
End Sub
```

（6）定义窗体结束事件过程Form_Unload。

```
Private Sub Form_Unload(Cancel As Integer)
    oE.Workbooks.Close    '关闭工作簿
    oE.Quit    '退出Excel应用程序
End Sub
```

步骤 4　测试运行、保存工程、生成应用程序

单击"启动"按钮或按F5，启动程序。关闭所有打开的Excel文件，单击"打开Font.xls"按钮，打开Excel应用程序，再按本任务实施说明中的步骤测试程序。然后保存Excel文件，单击窗体的关闭按钮，结束测试。

最后，单击"文件→工程另存为"菜单命令，保存该工程为"工程4-3.vbp"，再单击

"文件→生成工程"菜单命令打开"生成工程"对话框，在文件名栏中出现"工程4-3.exe"后单击"确定"按钮，生成应用程序"工程4-3.exe"。

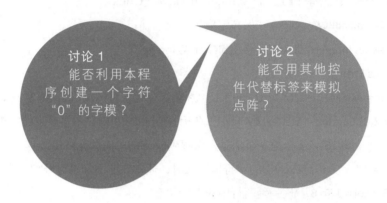

讨论1
能否利用本程序创建一个字符"0"的字模？

讨论2
能否用其他控件代替标签来模拟点阵？

练习1　修改程序，调整字模显示的起始位置，要求从屏幕的左上角位置开始显示点阵。

练习2　修改程序，去除标签中显示的点阵编号，把标签背景色改为白色，让点阵的显示效果更加简洁。

练习3　在 Excel 中直接输入添加字符 Z 的字模，并显示测试。

（1）显示多彩字模，用不同的颜色显示字模中点，效果如图4-19所示。

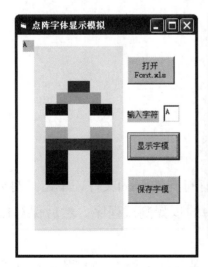
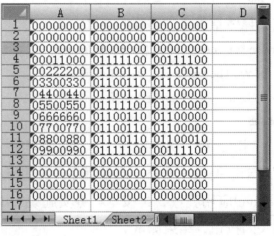

图 4-19　多彩点阵字体显示

提示：① 定义一个颜色数值，预先存放10种颜色。

```
Dim aYs(0 To 10) '定义存放10种颜色的值
aYs(0) = vbYellow    '0为背景色
aYs(1) = vbRed
aYs(2) = vbGreen
aYs(3) = vbBlue
aYs(4) = vbWhite
aYs(5) = vbCyan
aYs(6) = vbMagenta
aYs(7) = vbGreen + vbBlue / 2
aYs(8) = vbGreen / 2 + vbRed / 2
aYs(9) = vbBlack
```

② 修改显示点阵的代码，可简化为如下代码。

```
For row = 1 To 16    '逐一判断行中的点阵状态
     For col = 1 To 8    '逐一判断行中的点阵状态
LabelDZ((row - 1) * 8 + col).BackColor = aYs(Val(Mid(DZ(row), col, 1)))
     Next col
Next row
```

（2）用VB绘画功能在窗体上绘制字模，效果如图4-20，实现再显示字模的同时，在右下的PictureBox控件中以像素为单位绘制真实效果的字符。

提示：① 在窗体上添加一个PictureBox控件，把它的ScaleMode属性值设置为"3-Pixel"。

② 添加显示点阵的代码的功能。

```
For row = 1 To 16    '逐一判断行中的点阵状态
     For col = 1 To 8    '逐一判断行中的点阵状态
LabelDZ((row - 1) * 8 + col).BackColor = aYs(Val(Mid(DZ(row),
col, 1)))
          Me.Picture1.PSet (col, row), aYs(Val(Mid(DZ(row),
          col, 1)))
     Next col
Next row
```

③ PictureBox控件。

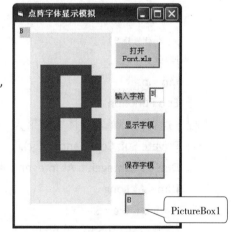

图 4-20　绘制点阵

PictureBox控件可以显示来自位图、图标和常见的JPG文件，也可以在其上绘制图形。它的Pset方法是在该对象的指定坐标处绘制一个指定颜色的点。如：

```
Pset (0,0),vbRed    '在控件的左上角（0，0）处绘制一个红色的点
Pset (1,3),vbRed    '在控件的第3行第1列处绘制一个红色的点
```

除了Pset方法外还有画线、画圆等绘制图形的方法，详见联机帮助的"使用图形方法"专题。

练习与思考题

一、程序阅读与填空

1. Private Sub Form_Click()

    n = Val(InputBox("请输入一个数"))

    Add n, y

    Print y

    End Sub

    Public Sub Add(k, s)

    For i = 1 To k

    s = s + i

    Next i

    End Sub

程序运行后，输入8，单击窗体上结果为 ＿＿＿＿＿＿＿＿。

2. Private Sub Form_Click()

        Print fan(5)

     End Sub

    Public Function fan(k)

        p = 1

    For i = 1 To k

        p = p * i

    Next i

    fan = p

    End Function

程序运行后，单击窗体上结果为 ＿＿＿＿＿＿＿＿。

3. Private Sub Command1_Click()

    Dim a As Integer, b As Integer, c As Integer

    Dim s As Long

    a = 5:b = 6:c = 3

    s = fun(a) + fun(b) + fun(c)

    Print s

    End Sub

    Public Function fun(x As Integer) As Long

    Dim m As Long, i As Integer

    m = 1

    For i = 1 To x

```
        m = m * i
    Next i
    fun = m
End Function
```
程序运行后，单击命令结果为 _____。

4. 在窗体上画1个文本框和1个命令按钮，其名称分别为Text1和Command1，然后编写如下代码：

```
Function fun(x As Integer, y As Integer) As Integer
    fun = IIf(x < y, x, y)
End Function
Private Sub Command1_Click()
    Dim a As Integer, b As Integer
    a = 20:b = 12
    Text1.Text = Str(fun(a, b))
    End Sub
Private Sub Form_load()
    Command1.Default = True
    End Sub
```
程序运行后，按回车键，文本框中显示的内容为 _____。

5. 在窗体上画1个命令按钮，其名称为Command1，然后编写如下过程：

```
Function func(ByVal x As Integer, y As Integer)
        y = x * y
        If y > 0 Then
                func = x
        Else
                func = y
        End If
End Function
Private Sub Command1_Click()
        Dim a As Integer, b As Integer
        a = 3:b = 4
        c = func(a, b)
        Print "a="; a
        Print "b="; b
        Print "c="; c
    End Sub
```
程序运行后，单击命令按钮，其输出结果为 _____。

二、编程题

1. 设计如图4-21所示的界面，有标签、驱动器列表框、目录列表框、文件列框及图像框与命令按钮，实现图片浏览。

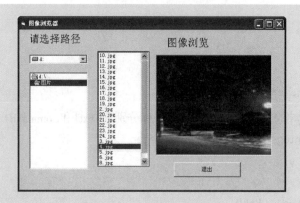

图 4-21 编程练习 1 界面

2. 设计如图4-22所示的界面，有组合框、列表框、命令按钮、复选框与单选框及架框，程序运行后选择相关的配置，结果在列表框显示。

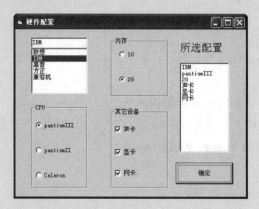

图 4-22 编程练习 2 界面

3. 将十进制数转换成二进制，界面如图4-23所示。

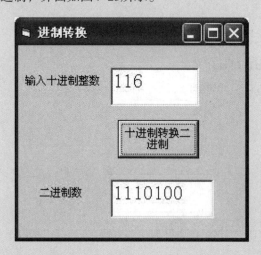

图 4-23 编程练习 3 界面

4. 设计简单计算器，界面设计如图4-24所示，创建2个命令按钮控件数组，一组是0～9及小数点的命令按钮控件数组，另一组是4个运算符号的命令按钮控件数组。单击"清除"按钮，文本框清空。单击"＝"按钮，计算运算结果。

图 4-24 编程练习 4 界面

5. 设计一个随机抽取幸运数的程序,并根据产生的幸运数按反序输出其中的奇数。要求:

(1)单击"开始"按钮,在标签Labe2控件数组中分别每隔0.1 s随机产生八位数字,并不断滚动,同时"开始"按钮变成"停止"按钮;到单击"停止"按钮,停止滚动,且八位幸运数已产生,同时按钮"停止"已变为"开始"。

(2)单击"输出"按钮,对八位幸运数按反序在文本框中显示其中的奇数。运行结果如图4-25所示。

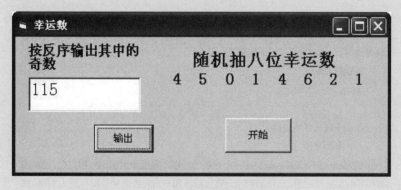

图 4-25 编程练习 5 界面

郑重声明

高等教育出版社依法对本书享有专有出版权。任何未经许可的复制、销售行为均违反《中华人民共和国著作权法》，其行为人将承担相应的民事责任和行政责任；构成犯罪的，将被依法追究刑事责任。为了维护市场秩序，保护读者的合法权益，避免读者误用盗版书造成不良后果，我社将配合行政执法部门和司法机关对违法犯罪的单位和个人进行严厉打击。社会各界人士如发现上述侵权行为，希望及时举报，我社将奖励举报有功人员。

反盗版举报电话　　（010）58581999　58582371

反盗版举报邮箱　　dd@hep.com.cn

通信地址　北京市西城区德外大街4号　高等教育出版社法律事务部

邮政编码　100120

读者意见反馈

为收集对教材的意见建议，进一步完善教材编写并做好服务工作，读者可将对本教材的意见建议通过如下渠道反馈至我社。

咨询电话　400-810-0598

反馈邮箱　zz_dzyj@pub.hep.cn

通信地址　北京市朝阳区惠新东街4号富盛大厦1座

　　　　　高等教育出版社总编辑办公室

邮政编码　100029

防伪查询说明

用户购书后刮开封底防伪涂层，使用手机微信等软件扫描二维码，会跳转至防伪查询网页，获得所购图书详细信息。

防伪客服电话

（010）58582300

学习卡账号使用说明

一、注册/登录

访问http://abook.hep.com.cn/sve，点击"注册"，在注册页面输入用户名、密码及常用的邮箱进行注册。已注册的用户直接输入用户名和密码登录即可进入"我的课程"页面。

二、课程绑定

点击"我的课程"页面右上方"绑定课程"，在"明码"框中正确输入教材封底防伪标签上的20位数字，点击"确定"完成课程绑定。

三、访问课程

在"正在学习"列表中选择已绑定的课程，点击"进入课程"即可浏览或下载与本书配套的课程资源。刚绑定的课程请在"申请学习"列表中选择相应课程并点击"进入课程"。

如有账号问题，请发邮件至：4a_admin_zz@pub.hep.cn。